PLANEJAMENTO DE ENSINO E AVALIAÇÃO DO RENDIMENTO ESCOLAR
PEARE

PLANEJAMENTO DE ENSINO E AVALIAÇÃO DO RENDIMENTO ESCOLAR
PEARE

A história de um projeto

SENAI-SP editora

SENAI-SP editora

Conselho Editorial
Paulo Skaf – Presidente
Walter Vicioni Gonçalves
Débora Cypriano Botelho
Ricardo Figueiredo Terra
Roberto Monteiro Spada
Neusa Mariani

Engenharia da **Formação Profissional**

Elaboradora do texto
Léa Depresbiteris

Colaboradores
Deisi Deffune
Inês Soares Vieira
José Luiz Pieroni Rodrigues
José Attilio Guimarães Grecchi
Mario Cândido da Silva Filho
Silvana Regina Conti

Editor
Rodrigo de Faria e Silva

Editoras assistentes
Ana Lucia Sant'Ana dos Santos
Juliana Farias

Produção gráfica
Paula Loreto

Revisão
Danielle Mendes Sales
Fernanda Santos

Capa e projeto gráfico
Negrito Produção Editorial

Foto da capa
José Attilio Guimarães Grecchi

© SENAI-SP Editora, 2012

Dados Internacionais de Catalogação na Publicação (CIP)

Depresbiteris, Léa
    Planejamento de ensino e avaliação do rendimento escolar (PEARE): a história de um projeto / Lea Depresbiteris. – São Paulo: SENAI-SP Editora, 2012.
    212 p. – (Engenharia da formação profissional)

Bibliografia.
ISBN 978-85-65418-53-9

1. Planejamento do ensino. 2. Avaliação do rendimento escolar. 3. Ensino profissional.
I. Título. II. Série.

CDU – 371.214

Índices para catálogo sistemático:
1. Planejamento do ensino : 371.214
2. Avaliação do rendimento escolar : 371.26
3. Ensino profissional : 377

SENAI-SP Editora
Avenida Paulista, 1313, 4º andar, 01311 923, São Paulo – SP
F. 11 3146.7308
editora@sesisenaisp.org.br

Apresentação

Esta publicação, da série Engenharia da Formação Profissional, selo de 70 anos do Senai, faz o registro histórico do projeto Planejamento de Ensino e Avaliação do Rendimento Escolar, o Peare, como ficou afetuosamente conhecido, realizado na década de 1980 e até hoje lembrado e respeitado por seus desdobramentos técnicos.

Conheci o projeto desde o seu nascimento, acompanhei seu desenvolvimento durante todos esses anos até os dias atuais, quando ainda encontro as marcas de suas ideias espalhadas pela rede escolar, ouvindo sempre ao fundo, como um eco, frases como: *"eu fiz o Peare"*, *"eu aplico o Peare"*, *"isso está lá no Peare"*, *"esta escola usa o Peare"*...

Há duas claras intenções nesta publicação. A primeira delas é registrar esse momento da história do Senai-SP, sua repercussão nos dias de hoje e as perspectivas para o futuro. Essa parte se cumpre pelo olhar atento da educadora Léa Depresbiteris, que integrou a equipe do projeto e a ele dedicou seus esforços durante muitos anos. Seu envolvimento a fez levar o projeto à defesa de sua tese de doutorado em Psicologia da Educação na Universidade de São Paulo.

Escreveu durante todo esse tempo muitos textos sobre o assunto, e esse foi o último deles. Seu falecimento repentino a impediu de dar o toque final no texto, mas deixou gravada, como uma despedida, sua visão pessoal desse trabalho, que divulgamos em sua homenagem, para ser lida por todos.

Outra intenção desta obra é disponibilizar as diretrizes do Peare. Diferentemente das advertências de proibição que se lê em publicações desse tipo, aqui é manifesto prazer autorizar a reprodução total desse documento, que integra a obra como anexo, sem qualquer necessidade de pedido.

Como palavra final, desejo apresentar meus sinceros cumprimentos a todos os educadores do Senai-SP que ajudaram a construir e dar vida a esse projeto.

Muito obrigado.

Walter Vicioni Gonçalves
Diretor Regional do Senai-SP

Passei um dia pelo gramado
Alguém me seguiu
Ali depois se fez mais um caminho.
Paulo Romera

Homenagem do Senai-SP à educadora Léa Depresbiteris, que abriu caminhos para aprendizagem e avaliação na educação profissional.

Dedico este livro a todas as pessoas que participaram direta e indiretamente da construção do PEARE. Citar todos os nomes seria incorrer em provável esquecimento.

Na figura do atual Diretor Regional do SENAI, Walter Vicioni Gonçalves, que, na época, era diretor da Divisão de Currículos e Programas e proporcionou as condições necessárias para a realização do projeto, agradeço a oportunidade de me permitir lembrar de uma época de trabalho árduo, mas de muita satisfação e esperança.

Sumário

Algumas palavras iniciais 15

I. O CONTEXTO EM QUE NASCEU O PEARE 19
Contexto social 19
O S<small>ENAI</small> na década de 1980 22

II. O DIAGNÓSTICO PARA A CONSTRUÇÃO DO PEARE 29

III. DIRETRIZES DO PEARE E SUGESTÕES DE
OPERACIONALIZAÇÃO 39
Diretrizes do P<small>EARE</small> 39
Sugestões de operacionalização das diretrizes............................ 44

IV. A CAPACITAÇÃO DOS EDUCADORES — O CORAÇÃO
DO PEARE 71
A filosofia educacional da instituição 72
A dimensão curricular das disciplinas e ocupações dos cursos do S<small>ENAI</small> 74
A concepção sobre o processo de aprendizagem 75
As relações entre planejamento de ensino e avaliação................. 79
O papel do planejamento de ensino... 81
O papel da avaliação... 82

V. ANTES DE IMPLANTAR, AVALIAR — O ESTUDO DE CASO DO PEARE 85

VI. O PEARE VISITA O PRESENTE — UMA ENTREVISTA FICTÍCIA 95

VII. E O FUTURO? CONSIDERAÇÕES FINAIS 109

Toda pessoa pode aprender, não importam a idade, o sexo, as condições cerebrais, a etnia 110
O diálogo reduz conflitos 110
Podemos ser mediadores da aprendizagem na escola, na família e na sociedade 111
Além do conhecimento, é preciso desenvolver valores 112

Referências bibliográficas 115

Anexo – Diretrizes de planejamento de ensino e avaliação do rendimento escolar 123

Lista de figuras, quadros e tabelas

Figuras

Figura 1 – Níveis de participação propostos por Bordenave 28
Figura 2 – Dimensões de aprendizado...45
Figura 3 – Níveis da taxonomia de Bloom para o domínio cognitivo 52
Figura 4 – Níveis da taxonomia para o domínio motor.........................53
Figura 5 – Mapa cognitivo para o conteúdo – regra de três 56
Figura 6 – Avaliação da efetividade da formação profissional 73
Figura 7 – Níveis de planejamento de ensino e avaliação da
    aprendizagem 80

Quadros

Quadro 1 – Componentes e indicadores a serem avaliados nas
    ocupações... 32
Quadro 2 – Componentes a serem avaliados nas disciplinas de língua
    portuguesa, matemática e ciências físicas e biológicas 33
Quadro 3 – Quadro analítico da Série Metódica Ocupacional (smo) do
    torneiro mecânico 48
Quadro 4 – Exemplo de objetivos geral e específicos da parte
    diversificada 55
Quadro 5 – Exemplo de objetivos geral e específicos da parte comum......57
Quadro 6 – Exemplo de coerência entre objetivos e conteúdo –
    área de Mecânica 59

QUADRO 7 – Exemplo de conteúdo da parte comum – regra de três e porcentagem 60
QUADRO 8 – Funções e finalidades da avaliação 63
QUADRO 9 – Tendências da educação nos diversos componentes curriculares 76

Tabelas

TABELA 1 – Finalidades da avaliação da aprendizagem 88
TABELA 2 – Sensações mais constantes durante as avaliações 89
TABELA 3 – Ações dos docentes antes da avaliação 90
TABELA 4 – Ações dos docentes depois da avaliação............................. 91
TABELA 5 – Ações dos docentes após reclamação sobre as notas 92
TABELA 6 – Formas de avaliar utilizadas pelos docentes........................ 92

Algumas palavras iniciais

Cada velho que morre é uma biblioteca que se queima.
Provérbio africano

O poeta português Vergílio Ferreira (2012) diz que:

> [...] O passado é um labirinto e estamos nele, um passado não tem cronologia senão para os outros, os que lhe são estranhos. Mas o nosso passado somos nós integrados nele ou ele em nós. Não há nele antes e depois, mas o mais perto e o mais longe. E o mais perto e o mais longe não se lê no calendário, mas dentro de nós [...].

Inicio este livro com esse pensamento, porque vou descrever um trabalho realizado no passado, mais especificamente na década de 1980. Trata-se do projeto denominado Planejamento de Ensino e Avaliação do Rendimento Escolar (Peare), desenvolvido no Serviço Nacional de Aprendizagem Industrial, do Departamento Regional de São Paulo – Senai-SP[1].

Muitas pessoas não gostam de reviver o passado, outras vivem nele e dele. Gosto de pensar que o tempo, em suas dimensões – passado,

---

1. A explicitação do Senai como Departamento Regional de São Paulo será feita somente nesse momento. Toda vez que o nome Senai for mencionado, neste livro, não será usada a abreviatura do Estado de São Paulo, pois estará implícita.

presente e futuro –, pode, como afirma Reuven Feuerstein (apud Souza, 2004), ser comparado ao manejo do arco e da flecha. Quanto mais puxarmos a corda do arco para trás, maior será o impulso da flecha para frente, atingindo uma grande distância. Se voltarmos para o nosso passado, tentando compreendê-lo, talvez possamos projetar melhor nosso futuro.

Relembrar a implantação desse projeto foi uma experiência intensa. Mais do que a descrição das estratégias, atividades realizadas, vieram-me à mente imagens de pessoas em vários momentos do trabalho. Alguns momentos nos estimulavam e outros nos pareciam incontornáveis, difíceis, árduos.

Dessa maneira, ao falar sobre o Peare, consigo entender muitas das minhas decisões atuais e vislumbro meu futuro. Mais do que um projeto de planejamento e de avaliação, foi, para mim, um projeto de vida.

Infelizmente não tenho o dom das famosas contadoras de histórias: Joana Xaviel, criada por Guimarães Rosa; Sherazade, de *As Mil e Uma Noites*; a Velha Totonha, imortalizada por José Lins do Rego, mas prometo fugir de um relato meramente técnico do projeto. A emoção vai surgir nas entrelinhas, afinal foram anos de trabalho, de muito estudo, reflexão e ações conjuntas de profissionais dignos, esperançosos de uma melhor educação.

Contar como foi a implantação do Peare é garantir a memória de uma instituição que parece estar consciente de que seu presente é reflexo de ações de seu passado e que seu futuro depende muito da qualidade do passado que esse presente contém, com potencial para propiciar um grande salto para seu futuro.

Convido o leitor a ler essas lembranças, do que minha memória consegue alcançar, da riquíssima vivência que foi o Peare.

Reconheço que talvez minha memória tenha privilegiado aspectos que outras memórias não considerariam relevantes, mas garanto que a essência do projeto está preservada neste relato, uma vez que, de tão envolvida com o Peare, nunca me desfiz dos documentos que registram um pouco de sua história.

O livro está dividido em sete capítulos.

O primeiro capítulo apresenta a contextualização histórica na qual nasceu o Peare, mais precisamente no ano de 1983. Como era o Senai daquela época? Que fatos sociais marcaram a década de 1980?

Traçar esse cenário é importante para que possamos interpretar os fatos. Afinal, como diz Boff (1997), "a cabeça pensa onde os pés pisam". Para compreender, é essencial conhecer o lugar social de quem olha. "Isso faz da compreensão sempre uma interpretação."

No segundo capítulo, descreve-se o diagnóstico realizado para coletar informações sobre os aspectos educacionais, mais especificamente da avaliação do rendimento escolar, nas diversas instâncias das escolas e que subsidiaram as decisões didático-pedagógicas do Peare. A partir da análise do diagnóstico, o leitor poderá compreender com maior profundidade as diretrizes que foram definidas posteriormente.

O terceiro capítulo está estruturado com as diretrizes didático-pedagógicas propostas a partir dos resultados do diagnóstico e sugestões para sua operacionalização nas escolas. Cumpre ressaltar que a operacionalização era somente uma proposta de trabalho, e não normas que deveriam ser seguidas sem qualquer reflexão sobre sua utilidade, relevância, adequação e viabilidade.

A finalidade do quarto capítulo é mostrar o processo de capacitação dos profissionais que iriam trabalhar direta ou indiretamente com o Peare. Assim, não somente as equipes escolares, assistentes de direção, instrutores-chefes, orientadores educacionais e docentes passaram por esse processo, mas também os técnicos da administração central: planejadores de currículos, elaboradores de materiais didáticos e supervisores de ensino.

Considerando a premissa de que a avaliação do projeto seria uma dimensão essencial para a qualidade do trabalho educacional na administração central e das unidades escolares, procedeu-se a um estudo de caso com dez escolas. Houve um acompanhamento em serviço da aplicação do Peare pela equipe responsável por sua construção, por meio do qual foi possível identificar aspectos restritivos e impulsores do trabalho. É interessante ler as opiniões não só das equipes escolares, mas dos alunos que puderam opinar sobre a avaliação que recebiam. Esse estudo de caso é objeto do quinto capítulo deste livro.

No sexto capítulo, o PEARE é trazido ao presente por meio de uma entrevista fictícia na qual serão analisadas algumas concepções e práticas de planejamento de ensino e avaliação da aprendizagem, consideradas inovadoras naquela época e que hoje ainda permanecem como válidas. Alguns fatores que deveriam ter sido cuidados na implantação do PEARE e que se constituíram em entraves ao projeto são desvelados.

O sétimo capítulo é o último. Traça considerações finais por meio de uma questão candente: e o futuro? É possível prevê-lo? Penso que não, mas ele expressa, de certa maneira, nossos sonhos. E os sonhos, como diz Rubem Alves (2012), representam nossas esperanças.

LÉA DEPRESBITERIS

LÉA DEPRESBITERIS (1946-2012)

Educadora, pedagoga, mestre em Tecnologia Educacional pelo Instituto de Pesquisas Espaciais de São José dos Campos (Inpe) e doutora em Psicologia Escolar pela Universidade de São Paulo (USP). Formadora de instrutores do Programa de Enriquecimento Instrumental pelo The International Center for the Enhancement of Learning Potential (Icelp-Israel) e com cursos de introdução e prática em Neurociência pelo Centro de Especialização em Saúde e Educação (Cefac-SP). Consultora de programas educacionais e da área da saúde e formadora de professores de diferentes modalidades e níveis de ensino. Ministrou inúmeras palestras em seminários e congressos no Brasil e no exterior. Autora de diversos livros e artigos, sendo este seu último livro, em finalização quando de sua morte repentina, em que registra suas impressões sobre a implantação de um dos projetos de avaliação – PEARE –, desenvolvido quando trabalhava no SENAI-SP (1977-2001).

CAPÍTULO I

O contexto em que nasceu o PEARE

Todo ponto de vista é a vista de um ponto.
LEONARDO BOFF

Etimologicamente, o termo *contexto* vem do verbo latino *contextus*, que significa *todo, conjunto, entrelaçamento, reunião* (Cunha, 1986, p. 211). Contextualizar equivale a encadear ideias, ligando partes de um todo ou, de forma ainda mais significativa, trazer o que se ensina ao contexto de uma pessoa, fazendo-a associar o aprendido às coisas que faz em seu cotidiano, ao que é conhecido.

É muito provável que muitos leitores deste livro tenham nascido na década de 1980 e outros, como eu, a tenham vivido intensamente. Antes de falar no contexto do SENAI, creio que seria interessante relembrar alguns fatos mais gerais.

CONTEXTO SOCIAL

As músicas da época iam de "Fio de cabelo", sucesso estrondoso de Chitãozinho & Xororó...

Fio de cabelo
E hoje o que encontrei me deixou mais triste
Um pedacinho dela que existe
Um fio de cabelo no meu paletó
Lembrei de tudo entre nós
Do amor vivido
Aquele fio de cabelo comprido
Já esteve grudado em nosso suor

... a "Coração de estudante", com o maravilhoso cantor e compositor Milton Nascimento:

Coração de estudante
Há que se cuidar da vida
Há que se cuidar do mundo
Tomar conta da amizade
Alegria e muito sonho
Espalhados no caminho
Verdes, plantas, sentimento
Folhas, coração, juventude e fé.

Paralelamente a essas músicas dedicadas ao amor-amizade e ao amor-saudade, Roberto Carlos nos ensinava conceitos do amor-geometria:

O côncavo e o convexo
Cada parte de nós tem a forma ideal
Quando juntas estão, coincidência total
Do côncavo e convexo
Assim é nosso amor, no sexo.

Eu, "cinéfila de carteirinha", vibrava com o filme de Woody Allen – *Zelig* – que contava a história de um artista camaleão, cuja insegurança neurótica o fazia imitar – física e mentalmente – qualquer pessoa que estivesse em sua companhia. Mas também derramei muitas lágrimas com dramas como o de *Laços de Ternura*, no qual uma mãe sofre horrores com a doença terminal de sua filha.

Outros gêneros igualmente faziam sucesso no cinema: *007 – Nunca Mais Outra Vez*, com Sean Connery; *Yentl*, com Barbra Streisand e sua bela voz; e o fim da saga *Star Wars*, com o episódio O Retorno de Jedi.

Assuntos mais complexos eram os da política e economia.

No campo político, estávamos na ditadura militar, mas as oposições começaram a lançar a campanha pelas "Diretas já". O movimento consistia em reivindicar a aprovação de um projeto de lei de autoria do deputado federal Dante de Oliveira, que preconizava a realização de eleições diretas e livres para a Presidência da República, em 1985. Comícios foram realizados em todo o país, as ruas tingiram-se de amarelo – a cor escolhida como símbolo da campanha – e personalidades importantes, entre artistas, jornalistas, intelectuais e políticos de todas as facções, de centro e de esquerda, transformaram as "Diretas já" num grito em uníssono pela liberdade e pela democracia: "Um, dois, três... quatro, cinco, mil... queremos eleger o Presidente do Brasil!".

Durante meses, esse grito foi ouvido pelo país afora, entoado por milhões de brasileiros que, espontaneamente, foram às ruas exigir dos governantes que lhes devolvessem o que lhes pertencia, ou seja, o direito de gerir suas próprias vidas, que começa pelo direito elementar de conduzir, pelo voto, os destinos da nação.

Especificamente quanto à economia, a década de 1980 foi denominada década perdida. No Brasil, ela se caracterizou por diversos problemas: peso insustentável da dívida externa, imobilismo gerado por uma excessiva proteção à indústria nacional, fracasso dos programas de estabilização no combate à inflação e esgotamento de um modelo de desenvolvimento baseado fundamentalmente na intervenção generalizada do Estado na economia.

Além das lutas políticas, ocorreram aquelas que foram nascedouro para a ampliação dos direitos de minorias. Lembremo-nos de um fato ocorrido no ano de 1983 e que foi fundamental para o surgimento de uma lei, sancionada em 2006, para coibir a violência doméstica e familiar contra a mulher – a Lei Maria da Penha.

Maria da Penha, uma biofarmacêutica, foi vítima de violência praticada por seu ex-marido. Um dia, enquanto Maria da Penha dormia, o ex-marido disparou contra ela e encobriu a verdade, simulando uma tentativa de roubo. Essa agressão deixou uma sequela permanente na mulher: a paraplegia nos membros inferiores. Duas semanas depois de regressar do hospital, ainda durante o período de recuperação, Maria da Penha sofreu um segundo atentado contra sua vida. Seu ex-marido, sabendo de sua condição, tentou eletrocutá-la enquanto ela se banhava. Ele só foi punido depois de 19 anos de julgamento, ficando apenas dois anos em regime fechado, para revolta de Maria com o poder público.

Menos significativas, mas interessantes para quem gosta desse tipo de notícia, Xuxa Meneghel fazia sua estreia como apresentadora infantil na extinta TV Manchete.

O Senai na década de 1980

Os primeiros anos da década foram caracterizados pelo fraco desempenho da economia, por atos do poder público que alteraram critérios de arrecadação e repasse de contribuições devidas ao Senai, condições desfavoráveis para um clima de tranquilidade na instituição.

O Senai ainda defendia com vigor a ideia da equivalência. Pela equivalência, os alunos contavam com uma educação mais aprofundada do que exclusivamente uma qualificação para o trabalho na indústria. Desde 1971, a instituição comportava os cursos de aprendizagem, os cursos técnicos (denominados habilitações profissionais – HP) e os cursos de qualificação profissional. Os cursos de aprendizagem podiam ter ou não equivalência ao ensino de primeiro grau[1]. No caso de ter a equivalência, ela ocorria em suas últimas séries. No ensino técnico, havia dois tipos de curso – a habilitação plena de segundo grau e o curso de qualificação técnica para os que já tinham o segundo grau. Além

---

1. O primeiro grau corresponde à atual denominação de ensino fundamental, e o segundo grau ao ensino médio, ambos pertencentes à educação básica. (N.E.)

da qualificação técnica, havia a qualificação básica – para os adultos que iriam ingressar no mercado de trabalho, os de aperfeiçoamento e especialização para os adultos já empregados.

Para possibilitar a equivalência nos cursos de aprendizagem, havia duas partes: a diversificada, que contemplava as ocupações do mercado de trabalho da indústria, e a comum, constituída de disciplinas como língua portuguesa, matemática e ciências, entre outras.

Os currículos da parte comum obedeciam à legislação em vigor.

Na parte diversificada, as ocupações eram traduzidas em tarefas e operações expressas nas séries metódicas, desenvolvidas por Victor Della Vos, diretor da Escola Técnica Imperial de Moscou, a partir de 1868, para enfrentar a necessidade de formação de grande quantidade de trabalhadores qualificados para apoiar a expansão das ferrovias na Rússia. As séries metódicas logo substituíram os padrões artesanais de aprendizagem de ofícios, na Rússia e em outros países da Europa.

Não é meu objetivo detalhar cada um desses cursos; o que se deseja enfatizar é o compromisso que havia em uma educação de qualidade destinada a populações que estavam distantes das oportunidades de alcançá-las, não fosse o Senai.

Esse aspecto pode ser encarado como positivo – ampliar as oportunidades de educação principalmente às famílias de trabalhadores. No entanto, o preconceito do trabalho manual que o Brasil carrega, desde o período colonial, "estigmatizava" (e talvez ainda o faça) os cursos profissionalizantes como aqueles destinados aos desprovidos da sorte.

O Senai lutou muito para mudar essa imagem. Por tratar-se de uma instituição com forte responsabilidade na formação de grande contingente de trabalhadores, realizava estudos de demanda ocupacional e de avaliação dos cursos e dos egressos junto ao mercado de trabalho, por meio da Divisão de Pesquisas, Estudos e Avaliação (DPEA)[2], constituída em 1974. A DPEA produziu um grande número de pesquisas e estudos que tentavam responder a algumas questões candentes como:

---

2. Mais tarde passou a ser denominada Divisão de Planejamento, Pesquisa e Avaliação (DPPA).

- Qual era o grau de inserção no mundo do trabalho dos profissionais formados pelo Senai? O que deveria ser reformulado em termos curriculares, capacitação de docentes e estrutura da escola, entre outras variáveis?
- Como atender às demandas das indústrias quanto à qualidade na formação das várias ocupações e às exigências sociais de uma educação mais ampla, voltada para a cidadania?

A concepção de avaliação em nível macro do Senai explicitava seu desejo de:

- representar um mecanismo para a reorientação de programas e para tornar mais efetivo o desempenho da instituição como agente de mudança social;
- constituir-se como uma base objetiva para prestar contas à comunidade e, especificamente, às instituições mantenedoras da instituição;
- proporcionar revitalização não só dos programas, mas também dos próprios profissionais da entidade.

Em termos de sua estrutura central, no ano de 1983, no âmbito do ensino, houve a separação entre a função técnica e a operacional em duas diretorias: Diretoria de Tecnologia Educacional e Diretoria de Operações.

Na Diretoria de Tecnologia Educacional, foram constituídas a Divisão de Currículos e Programas e a Divisão de Material Didático. Na Diretoria de Operações, criaram-se a Divisão de Assistência à Empresa e a Divisão de Supervisão Escolar.

A Divisão de Currículos e Programas era constituída pelas equipes de planejamento e de avaliação, o que estimulava o levantamento de outras questões relacionadas ao processo de ensino e de aprendizagem.

A Divisão de Currículos e Programas, assumindo a concepção de que currículo era mais do que uma simples listagem de conteúdos, ou seja, todas as atividades significativas realizadas para promover o ensino e a aprendizagem, nos âmbitos intra e extraescolar, começou a lançar outras questões inquietantes sobre a educação oferecida pela instituição:

- O que era planejar o ensino e avaliar a aprendizagem?
- Que relações havia entre avaliação da aprendizagem, planejamento de ensino, elaboração de materiais didáticos, capacitação dos docentes e supervisão escolar?
- Quais as responsabilidades das equipes da Divisão de Currículos e Programas no processo de ensino e aprendizagem?
- Como integrar teoria e prática?
- Que outros sistemas de notas poderiam ser mais adequados à orientação dos alunos e seus responsáveis, sobretudo nas ocupações da parte diversificada do SENAI?

Foi nesse contexto que nasceu o PEARE. Na verdade, já havia uma insatisfação dos docentes com relação à atribuição de notas que eram expressas com letras *A*, *B*, *C*, *D e E*. Para obter uma dessas letras, era usada uma medida denominada moda.

A moda é uma medida de localização central que indica o valor com maior frequência. Por exemplo, nas notas 5, 8, 7, 8, 8, a moda é a nota 8.

Mas como calcular a moda num conjunto de conceitos (notas expressas em letras) conforme determinava o Regimento Escolar do SENAI vigente na ocasião?

Algumas situações eram fáceis de resolver. Por exemplo, havia a moda de notas *A*, *B*, *B*, *B*, cuja maior frequência era a letra *B*. Outras situações eram complexas, como, por exemplo, a moda de *A*, *B*, *C e D*. Essa dificuldade era sentida pelos docentes das disciplinas da parte comum e pelos instrutores da parte diversificada. Estes últimos estavam acostumados com medidas numéricas de suas áreas de atuação, como Mecânica e Eletricidade, entre outras.

Outro apontamento feito pelos docentes foi a dificuldade em comunicar os resultados da avaliação para os alunos e seus responsáveis.

Muitos pais reclamavam que não entendiam o significado de uma nota expressa em letras.

O Peare abarcou primeiramente os cursos de aprendizagem; os demais cursos, a partir dos bons resultados alcançados, foram incorporados, pouco a pouco, ao trabalho. É importante conhecer a terminologia usada para a equipe escolar responsável pelos cursos de aprendizagem: diretor da escola, assistentes de direção, instrutores-chefe, professores da parte comum, instrutores da parte diversificada e orientadores educacionais.

Os assistentes de direção e os instrutores-chefes exercem um papel de orientação aos professores da parte comum (língua portuguesa, matemática, ciências etc.) e aos instrutores da parte diversificada (ocupações como torneiro e ajustador mecânico, mecânico geral, eletricista de manutenção e mecânico de automóvel, entre outras).

Para construir o Peare, foi constituída uma equipe interdisciplinar composta de profissionais de elaboração de currículos, elaboração de materiais didáticos, avaliação e supervisão de ensino. Ainda com base no princípio de interdisciplinaridade, essa equipe foi agregando mais profissionais da escola: diretores, assistentes de direção e instrutores-chefes e docentes das partes comum e diversificada.

Essa ampliação era o reflexo de uma queixa comum: as dificuldades de integração entre administração central e escolas.

Decidiu-se, então, que o Peare não deveria contemplar apenas os aspectos técnicos do processo de ensino e aprendizagem, mas que seria necessária a definição de diretrizes que harmonizassem as relações entre diversos níveis de decisão (administração central e escolas) em um novo processo conjunto e participativo.

O que nos parecia fundamental é que as escolas se sentissem partícipes do trabalho, e não meramente informadas sobre o que deveriam fazer em termos de planejar o ensino e avaliar a aprendizagem. Em síntese, o discurso de participação conjunta deveria ser concretizado no exercício da ação educacional, pois, como diz Demo (1987), "não há sentido só na teoria nem só na prática, mas na sua interação dinâmica".

Outro fator importante era o de tentar romper a ambiguidade da designação *professores* para as disciplinas da parte comum e *instrutores* para a parte diversificada. O Peare propunha que todos eram docentes e que o nome instrutor trazia uma certa conotação preconceituosa. Era comum ouvir-se a citação de "turma da graxa" destinada aos instrutores.

A mágoa da discriminação estava presente na narrativa de um instrutor (Senai, 1992):

> Eu tenho a impressão que havia uma "desparelhada". Não vou dizer que tenho certeza, porque eu só ouvia comentar. Nunca liguei para isso, mas lá na escola [...], instrutor não podia tomar refeição. O restaurante era só para os professores.

No que diz respeito aos alunos, o clima também era interessante de ser analisado. Mesmo conscientes das oportunidades de educação oferecidas pela instituição, havia certas queixas com relação à disciplina. Alguns alunos faziam analogia do Senai com o Exército.

Entretanto, a disciplina e o senso de organização foram considerados, por muitos ex-alunos, como valores que os auxiliaram em seu trabalho na indústria (Senai, 1992).

Para dar voz aos alunos, o Peare também os consultou sobre sugestões referentes à melhoria da educação recebida, mais especificamente sobre como eram avaliados (capítulo 5 deste livro).

A utopia era a de que o Peare pudesse aplicar princípios de participação em altos níveis de reflexão. Contudo, a equipe, considerando o contexto, na época, decidiu trabalhar nos níveis de elaboração e recomendação, selecionados entre os níveis apresentados por Bordenave (1983).

FIGURA 1 – *Níveis de participação propostos por Bordenave*

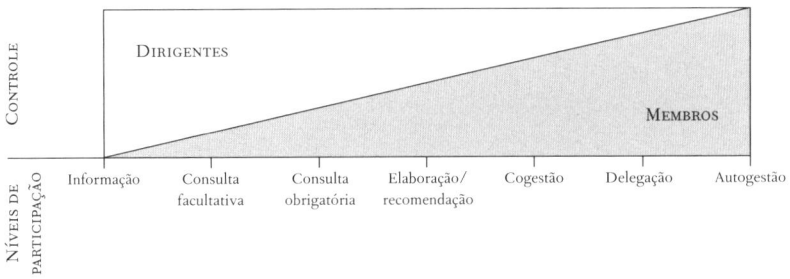

Fonte: Bordenave (1983, p. 31).

Dessa maneira, a metodologia de elaboração do PEARE procurou garantir a participação conjunta das escolas com o projeto proposto pela administração central, em todas essas etapas:

- Diagnóstico da situação, realizado por meio de entrevistas e questionários, envolvendo todas as escolas do SENAI do Estado de São Paulo.
- Elaboração, a partir dos resultados do diagnóstico, de uma proposta de diretrizes e planejamento de ensino e avaliação do rendimento escolar e formas de operacionalização.
- Capacitação de educadores da administração central e das escolas.
- Estudo de caso, envolvendo escolas-piloto, de modo a avaliar se as diretrizes definidas eram possíveis de ser concretizadas e se eram úteis para a melhoria da docência no SENAI.
- Implantação do PEARE em todas as escolas.

CAPÍTULO II

O diagnóstico para a construção do PEARE

....

> *Não é bastante ter ouvidos para ouvir o que é dito. É preciso também que haja silêncio dentro da alma. Daí a dificuldade...*
> RUBEM ALVES

Tendo como referencial a literatura de pesquisa, na época, pode-se dizer que a intenção da equipe do PEARE era realizar um diagnóstico, com foco na ação, ou seja, no processo de ensino e de aprendizagem com base no cotidiano das escolas, de modo que as várias instâncias de decisão da instituição pudessem refletir sobre as múltiplas variáveis impulsoras e restritivas às ações educacionais.

Considerando o princípio já mencionado – criar mecanismos de participação –, o diagnóstico envolveu: 54 assistentes de direção, 84 instrutores-chefes, 1.080 docentes da parte diversificada, 406 docentes da parte comum, 17 responsáveis pelos cursos noturnos e 7 orientadores educacionais, em um total de 1.648 profissionais. Questionários, entrevistas e análise de documentos oficiais foram os instrumentos utilizados na coleta de informações.

Cumpre ressaltar que, como as maiores dificuldades situavam-se na área de avaliação, o diagnóstico privilegiou a coleta de aspectos a ela relacionados, como:

- finalidades da avaliação da aprendizagem;
- componentes a serem avaliados na aprendizagem dos alunos;
- sistemas de notas para expressar desempenhos dos alunos;
- pessoas que deveriam receber os resultados de avaliação;
- dificuldades para realizar a avaliação da aprendizagem;
- sugestões para a melhoria do processo de avaliação.

Questionados sobre a principal *finalidade da avaliação* da aprendizagem, os participantes do diagnóstico indicaram essa hierarquização:

1) determinar o alcance de objetivos;
2) motivar os alunos;
3) reformular procedimentos didáticos;
4) levantar dados para recuperação;
5) aprovar ou reprovar.

Conforme se pode observar, essa ordenação de importância sobre as finalidades da avaliação colocava em último lugar, pelo menos teoricamente, a aprovação e a reprovação dos alunos.

Reforçando as ideias de uma avaliação mais pedagógica, transcrevem-se, a seguir, algumas opiniões emitidas pelos participantes do diagnóstico:

"A avaliação é um instrumento em que o aluno e a escola se apoiam para verificar em que nível os alunos se encontram, possibilitando replanejamentos."

"A função primordial da avaliação da aprendizagem é fornecer elementos para a realimentação do processo educativo."

"É preciso dinamizar o processo de avaliação da aprendizagem, de tal forma que se dê maior peso para as necessidades do aluno, do docente e da escola como um todo e menor para os registros e escrituração."

"A avaliação encarada como orientadora do desempenho dos alunos, em vez de julgamentos finais, como é usualmente interpretada, jamais deverá omitir-se de sua função formativa."

"A avaliação deve ser encarada como diagnóstico do desenvolvimento do aluno, em vez de um julgamento final."

"Pela avaliação, o aluno pode se autoavaliar e melhorar seu desempenho."

"A avaliação nunca deve ser usada para punir."

Quanto aos *componentes* a serem avaliados, houve um consenso sobre a necessidade de analisar integradamente conhecimentos, habilidades e atitudes.

Na parte diversificada, os docentes sugeriram os componentes e alguns indicadores para a avaliação nas ocupações (Quadro 1).

Os docentes da parte comum das disciplinas de língua portuguesa, matemática e ciências indicaram alguns componentes (Quadro 2).

O *sistema de notas* apontado pela maioria dos docentes, tanto da parte comum como da parte diversificada, foi o de notas expressas em números, e não em menções, como pregava o regulamento escolar vigente na época.

A equipe do Peare decidiu que o tema das notas deveria merecer atenção especial nas diretrizes de avaliação a serem definidas. A concepção sobre as notas precisaria ser pensada mais profundamente, uma vez que, qualquer que fosse o sistema, o mais importante seria que a nota pudesse ser interpretada em termos da aprendizagem do aluno, ou seja, que ela refletisse o que havia sido definido no planejamento de ensino.

No diagnóstico, alguns docentes mostraram que compreendiam essa premissa de interpretação da nota, conforme se pode verificar em seus depoimentos:

"Qualquer sistema é bom, desde que o docente o aplique considerando os aspectos técnicos e, também, o lado humano dos alunos."

"A nota expressa em menções ou em número deve mostrar, de forma precisa, os resultados alcançados na realização de um trabalho. Deve, também, ser utilizada na interpretação de ocorrências durante a aprendizagem."

QUADRO 1 – *Componentes e indicadores a serem avaliados nas ocupações*

COMPONENTES	INDICADORES
Compreensão de como executar a tarefa	• respostas corretas quanto à execução da tarefa: sequência de equipamentos e ou instrumentos adequados e precauções necessárias para a qualidade do trabalho • desenho correto da peça • iniciativa do aluno • consciência sobre a qualidade do produto final: precisão, acabamento, ajuste (no caso de ocupação como Mecânica, por exemplo) • conhecimentos sobre princípio de organização e limpeza do trabalho
Conhecimentos tecnológicos	• conhecimentos de ferramentas e ou instrumentos • iniciativa dos alunos
Desempenho no manuseio de equipamentos e/ou instrumentos	• manuseio tecnicamente correto • organização e limpeza no manuseio • observação às normas de segurança • destreza no manuseio • escolha correta dos instrumentos
Capacidade de resolução de problemas técnicos	• criatividade na resolução de problemas • iniciativa do aluno • rapidez na solução
Atitudes relacionadas ao trabalho	• disciplina • organização do trabalho • assiduidade e pontualidade • interesse pelo trabalho • responsabilidade pelos compromissos assumidos • colaboração, participação, cooperação, solidariedade • relacionamento interpessoal • higiene pessoal e no local de trabalho
Produto final	• qualidade do produto
Quantidade de trabalho	• proporção, tempo e execução

Fonte: PEARE.

QUADRO 2 – *Componentes a serem avaliados nas disciplinas de língua portuguesa, matemática e ciências físicas e biológicas*

Disciplina	Componentes	Indicadores (o que é mais importante avaliar)
Língua portuguesa	Habilidade de compreensão de textos	• compreensão das ideias principais do texto • compreensão do conteúdo do texto (assunto, tema e mensagem)
	Habilidade de expressão escrita	• clareza das ideias expostas • organização do trabalho • conhecimento dos conteúdos gramaticais
	Habilidade de expressão oral	• clareza na exposição oral de ideias
	Criatividade	• facilidade e ou iniciativa de adotar novos caminhos; disposição para lidar com dúvidas, incertezas e imprecisões; originalidade; pensamento divergente-convergente
	Resolução de problemas	• conhecimento do conteúdo específico • iniciativa
	Conhecimentos específicos	• conhecimento do conteúdo morfológico, do conteúdo sintático e do conteúdo semântico
	Atitudes relacionadas à área de estudo	• organização dos trabalhos • iniciativa do aluno
	Atitudes relacionadas à unidade escolar	• responsabilidade
	Produto final	• organização do trabalho
Matemática	Resolução de problemas	• conhecimento dos conteúdos • compreensão das ideias do problema • clareza na exposição de ideias • iniciativa
	Habilidade de compreensão de textos	• compreensão das ideias do texto e compreensão do conteúdo
	Conhecimentos específicos	• conhecimento do conteúdo
	Atitudes relacionadas à área de estudo	• conhecimento do conteúdo • responsabilidade do aluno • clareza das ideias expostas • organização dos trabalhos

(continua)

Disciplina	Componentes	Indicadores (o que é mais importante avaliar)
Matemática	Criatividade	• facilidade e/ou iniciativa de adotar novos caminhos; disposição para lidar com dúvidas, incertezas e imprecisões; originalidade; pensamento divergente-convergente
	Habilidade de expressão escrita	• clareza das ideias expostas • organização do trabalho
	Produto final	• organização do trabalho
Ciências físicas e biológicas	Habilidade de compreensão de textos	• compreensão das ideias principais do texto • compreensão do conteúdo específico do texto
	Conhecimentos específicos	• conhecimento do conteúdo (quais?)
	Habilidade de resolução de problemas	• conhecimento do conteúdo específico • compreensão das ideias dos problemas apresentados • clareza na exposição de ideias
	Atitudes relacionadas à área de estudo	• organização dos conteúdos • iniciativa do aluno • organização dos trabalhos
	Desempenho em laboratório	• conhecimento dos critérios para uso do laboratório • precisão no produto final • clareza das ideias expostas • organização dos trabalhos
	Criatividade	• facilidade e/ou iniciativa de adotar novos caminhos; disposição para lidar com dúvidas, incertezas e imprecisões; originalidade; pensamento divergente-convergente
	Habilidade de expressão escrita	• clareza das ideias expostas • organização dos trabalhos • conhecimento do conteúdo
	Habilidade de expressão oral	• clareza na exposição de ideias
	Atitudes estabelecidas pela unidade escolar	• responsabilidade

Fonte: Senai-SP (1984a, p. 6-10).

Sobre quem deveria receber os *resultados da avaliação*, os respondentes indicaram: o aluno, os responsáveis por esses alunos e, em alguns casos, as empresas que os recebiam.

As justificativas eram as seguintes: o aluno, por ser o elemento central do processo de ensino, de modo que pudesse se autoavaliar e melhorar sua aprendizagem; seus responsáveis, para que pudessem acompanhá-los, auxiliando-os na aprendizagem e para fortalecer as relações entre a família e a escola; e as empresas, para possibilitar uma ação conjunta com a escola e com a família, sempre tendo em vista a formação de qualidade dos futuros trabalhadores.

As *dificuldades* mais específicas enfrentadas no processo de avaliação para os educadores do SENAI foram aquelas relacionadas:

- aos alunos: falta de heterogeneidade de pré-requisitos, percepção distorcida da recuperação (a encaravam como punição) e falta de interesse e de motivação para aprender;
- ao docente: falta de conhecimentos pedagógicos e necessidade de reciclagem técnica;
- às condições de trabalho: falta de tempo para planejamento, replanejamento, avaliação e recuperação;
- à avaliação: dificuldades no estabelecimento de critérios de avaliação, como necessidade de definir o que e como avaliar, definir critérios para avaliar atitudes, estabelecer critérios justos e como integrar diferentes resultados de avaliação;
- à recuperação de alunos: dificuldades quanto a planejar a recuperação perante o pouco tempo disponível, identificar os pontos falhos dos alunos, determinar critérios para considerar o aluno recuperado, estimular os alunos a passarem pelo processo de recuperação, avaliar o ganho de aprendizagem obtido na recuperação;
- à elaboração de instrumentos: dificuldades para identificar a melhor forma de itens de avaliação para os objetivos, elaborar fichas de observação com critérios harmônicos, elaborar instrumentos

que abarquem todos os aspectos importantes de avaliação, escolher bons instrumentos para autoavaliação e avaliação em grupo;
- à execução de avaliação: dificuldades quanto a estimular a observação contínua e constante do desempenho do aluno na execução da tarefa, incutir uma ideia de avaliação para melhoria, e não para obter nota.

A análise de dados do diagnóstico foi realizada por meio de estatísticas simples (frequências de respostas) e pela análise de conteúdo no tocante às respostas abertas apresentadas nos questionários e nas entrevistas.

A técnica de análise de conteúdos proporcionou ir além dos índices quantitativos para as respostas. Segundo Anderson (1981), essa técnica visa à análise de um fenômeno complexo que pode ser resumido em termos simples, como contagem de frequências de palavras e categorizações de conteúdo. No diagnóstico do Peare, a análise de conteúdo foi feita com base na interpretação das respostas abertas aos questionários e às entrevistas.

O grande desafio da equipe foi evitar que os dados obtidos se transformassem em volumosos relatórios sem função. Assim, ainda com base na premissa de participação, em níveis de elaboração e recomendação, adotada pela equipe do Peare, foram elaborados relatórios específicos com a análise e a interpretação dos resultados do diagnóstico.

Os relatórios do diagnóstico foram enviados a cada grupo de respondentes (assistentes de direção, instrutores-chefes, orientadores educacionais e docentes de cada disciplina e ocupação), de modo a promover uma ampla reflexão sobre a situação encontrada nas escolas, não só em termos de avaliação, mas de aspectos positivos e restritivos a um trabalho de qualidade. Esses relatórios também foram enviados aos órgãos centrais do Senai para que algumas condições essenciais para o processo de ensino e aprendizagem subsidiassem tomadas de decisão.

As sugestões gerais que auxiliaram enormemente a posterior elaboração de uma proposta de diretrizes da avaliação da aprendizagem foram as seguintes:

- definir diretrizes que permitissem harmonizar os procedimentos avaliativos;
- oferecer condições de tempo para o desenvolvimento do trabalho;
- capacitar pedagógica e tecnicamente o docente;
- experimentar o novo sistema, antes de implantá-lo em definitivo;
- propiciar liberdade da ação aos docentes, no tocante às formas de avaliar;
- conscientizar os alunos e os docentes sobre o que é avaliação;
- criar um sistema de avaliação que visasse essencialmente à melhoria da qualidade da formação do aluno;
- dinamizar a avaliação, tornando-a contínua e integrada ao planejamento;
- analisar periodicamente o sistema implantado;
- adotar como sistemática a participação ativa dos pais e responsáveis;
- racionalizar os procedimentos que se mostrassem burocráticos;
- adaptar o sistema de avaliação às características de cada ocupação;
- manter o aluno constantemente informado sobre objetivos, critérios e resultados de avaliação;
- promover as atitudes, sem lhes atribuir notas;
- estabelecer o sistema numérico;
- aumentar a exigência quanto à nota mínima para aprovação;
- oferecer condições mais adequadas para a recuperação dos alunos;
- reformular, com fins de atualização, o planejamento de ensino;
- estabelecer formas de avaliação que estimulassem o aluno a estudar mais;
- promover intercâmbio do Senai com outras instituições de formação profissional;
- buscar sempre a caracterização da realidade;

- valorizar a atuação do docente, possibilitando-lhe uma mudança de postura diante dos problemas de aprendizagem.

Todas as informações do diagnóstico serviram como base para a elaboração de diretrizes de planejamento de ensino e avaliação do rendimento escolar e sugestões de sua operacionalização, temas do próximo capítulo deste livro.

CAPÍTULO III

Diretrizes do Peare e sugestões de operacionalização

Penso, penso, penso
Logo transformo o que faço
Faço, faço, faço
Logo transformo o que penso
Climério Ferreira

Considerando o diagnóstico realizado e a própria posição da equipe do Peare de não engessar a ação docente, as diretrizes foram definidas como um caminho, uma direção que harmonizasse os procedimentos pedagógicos das escolas, e não normas burocráticas. As sugestões de operacionalização das diretrizes pautaram-se no mesmo propósito.

Diretrizes do Peare

As diretrizes foram as seguintes:

1ª diretriz – O planejamento de ensino e a avaliação do rendimento escolar devem ser considerados como partes de um processo maior, de acordo com a filosofia de educação claramente definida pela instituição.

2ª diretriz – O planejamento de ensino e a avaliação do rendimento escolar constituem um processo único, que deve ser estabelecido a partir de um trabalho integrado, participativo, de todos os responsáveis nele envolvidos. Neste trabalho urge considerar peculiaridades e necessidades específicas de cada escola.

3ª diretriz – O planejamento e a avaliação devem ser considerados em seus três níveis: o educacional, o curricular e o de ensino. No SENAI-DR-SP, o planejamento de ensino e a avaliação do rendimento escolar são de responsabilidade dos docentes, assessorados pela equipe escolar. Toda a ação está baseada em objetivos e deve ser integrada para que se garanta a coerência dos princípios da instituição.

4ª diretriz – O planejamento de ensino e a avaliação do rendimento escolar devem ser considerados como um processo contínuo e sistemático a fim de permitir, principalmente, a melhoria dos desempenhos insatisfatórios e o reforço de desempenhos positivos.

5ª diretriz – Tal processo é sistemático porque há necessidade de que a avaliação do rendimento escolar seja realizada de forma organizada, com base em real planejamento de ensino onde:

   a) os conhecimentos, as habilidades e as atitudes a desenvolver estejam estruturados, hierarquizados, selecionados significativamente, bem definidos e muito bem integrados;
   b) os objetivos, os conteúdos e as estratégias de ensino estejam claramente definidos;
   c) os instrumentos e os critérios de avaliação estejam devidamente estabelecidos;
   d) as múltiplas formas de análise dos resultados estejam previstas.

6ª diretriz – O planejamento de ensino e a avaliação do rendimento escolar consideram a aprendizagem como um processo ativo, em oposição à simples memorização ou simples mecanismo de repetição.

Implicam mudanças qualitativas que não podem ser entendidas simplesmente como consequência do desenvolvimento humano.

7ª diretriz – A interação docente-aluno na busca da aprendizagem requer como condição básica o diálogo através do qual haja troca de experiências e enriquecimento mútuo.

8ª diretriz – A aprendizagem deve considerar três aspectos fundamentais: "aprender a fazer", "aprender a aprender" e "aprender a ser", de modo a garantir a formação integral do aluno.

9ª diretriz – Para definir os conhecimentos, as habilidades e as atitudes necessários ao alcance dos objetivos finais, o docente deverá agir crítica e reflexivamente frente aos Elementos Curriculares, aos Conteúdos Programáticos, ao Plano Integrado de Trabalho da Escola e a outros planos de atividades da Unidade de Formação Profissional.

10ª diretriz – O planejamento de ensino, compreendido como atividade de reflexão sobre as ações mais indicadas para o alcance dos objetivos finais, resultará na tomada das melhores alternativas de decisão.

11ª diretriz – Na definição dos objetivos de conhecimentos tecnológicos, de planejamento e execução da tarefa, o docente deverá dimensioná-los de modo a garantir a formação desejada na ocupação.

12ª diretriz – No planejamento de ensino, os objetivos deverão contemplar os conteúdos em duas dimensões: extensão (limites do conteúdo) e profundidade (níveis de desempenho a serem atingidos). Deverão ser redigidos de forma a permitir ao docente a escolha de diversas estratégias de ensino e de avaliação.

13ª diretriz – Os conteúdos escolhidos para o alcance dos objetivos deverão ser distribuídos pela carga horária através da previsão modular, que racionaliza a utilização do tempo para as aulas, as avaliações e a recuperação da aprendizagem. Na previsão modular, o módulo deve ser considerado como conjunto de conhecimentos significativos para o alcance de determinados objetivos.

14ª diretriz – A avaliação do rendimento escolar deve ser considerada como meio de coleta de informações para melhoria do ensino e da aprendizagem, tendo assim funções de orientação, apoio e assessoria, e não de punição ou simples decisão final a respeito do desempenho do aluno.

15ª diretriz – A avaliação do rendimento escolar deve necessariamente:

- especificar de forma clara o que será avaliado;
- utilizar as técnicas e instrumentos mais adequados;
- possibilitar a autoavaliação por parte do aluno;
- estimular o aluno a prosseguir; e
- buscar sempre a melhoria do desempenho do aluno.

16ª diretriz – A avaliação do rendimento escolar não deve ser pensada somente ao fim de um período letivo. Ela deve se situar num *continuum*, permeando:

a) momentos anteriores à situação de ensino-aprendizagem propriamente dita, para a verificação de pré-requisitos (*avaliação diagnóstica*);
b) momentos do próprio processo a fim de promover a melhoria dos alunos (*avaliação formativa*); e
c) momentos finais, que permitam a aprovação ou a retenção dos alunos (*avaliação somativa*).

17ª diretriz – A avaliação do rendimento escolar deve enfatizar as funções diagnóstica e formativa, pois estas orientam o processo de melhoria dos desempenhos através da recuperação imediata.

18ª diretriz – Na avaliação do rendimento escolar a função administrativa legal da nota não deve encobrir suas características de orientação da aprendizagem e do ensino.

19ª diretriz – A recuperação deve ser vista como um recurso de correção de falhas de aprendizagem; deve exigir o esforço de toda a equipe escolar e docentes no intuito de evitar os prejuízos e o desestímulo ocasionado pelas retenções.

20ª diretriz – O planejamento e a realização das atividades de recuperação são de responsabilidade das equipes escolares que deverão definir as formas e principalmente os momentos de atuação.

21ª diretriz – Será submetido a processo de recuperação o aluno que não alcançar 50% dos objetivos de cada unidade de ensino. Em virtude da concepção da recuperação do processo, a sua avaliação abrangerá todos os objetivos da unidade.

22ª diretriz – Considerando a natureza do ensino que é ministrado pelo SENAI, a definição das atitudes a serem promovidas deve privilegiar a boa realização profissional (atitudes inerentes ao trabalho), sem esquecer aqueles atributos que contribuem para a formação de um homem crítico, participativo e consciente (atitudes sociais).

23ª diretriz – Dada a sua importância para a formação profissional, as atitudes inerentes ao trabalho serão consideradas como critérios para a avaliação do alcance dos objetivos. As atitudes sociais, por sua vez, deverão ser trabalhadas de forma integrada por todos os elementos da escola e acompanhadas no seu desenvolvimento, sem a preocupação de atribuição de nota.

24ª diretriz – As notas devem ser sempre atribuídas dentro de um sistema de avaliação por critério, ou seja, que relaciona a aprendizagem do aluno aos objetivos previamente determinados.

25ª diretriz – O plano de ensino, registro de decisões do planejamento de ensino e da avaliação do rendimento escolar, deve ser encarado como instrumento norteador para o docente, fruto da reflexão em termos educacionais, e não como documento burocrático, obrigatório e formal.

26ª diretriz – As diretrizes de planejamento de ensino e avaliação do rendimento escolar e a proposta que sugere alternativas para sua operacionalização têm uma conotação orientadora para o desenvolvimento do trabalho docente, sem a intenção de limitar seu papel. Os exemplos e os aspectos formais da proposta não constituem modelos a serem rigidamente seguidos.

27ª diretriz – O planejamento de ensino e a avaliação do rendimento escolar devem ser encarados como meios para alcançar fins e não como fins em si mesmos, levando-se em conta suas características básicas de processo.

Sugestões de operacionalização das diretrizes

Visando à compreensão da importância da avaliação integrada ao planejamento de ensino, foram propostos os seguintes procedimentos didático-pedagógicos:

1. Análise de conhecimentos, habilidades e atitudes.
2. Previsão modular – planejamento com relação ao tempo.
3. Definição de objetivos gerais e específicos, com determinação de níveis de desempenho.
4. Identificação dos conteúdos para os objetivos.
5. Seleção de estratégias de ensino.
6. Seleção de instrumentos e técnicas de avaliação.
7. Ponderação dos níveis de desempenho.
8. Determinação de critérios de avaliação e atribuição de notas.
9. Disseminação e formas de utilização dos resultados de avaliação.

A seguir, descreve-se cada um desses procedimentos em suas finalidades e exemplos de operacionalização para os cursos, tanto da parte diversificada como da parte comum.

1. *Análise de conhecimentos, habilidades e atitudes*

Essa análise mostrou-se necessária para que os docentes compreendessem o papel importante na estruturação do seu ensino. A ideia era mostrar que, mesmo estando definidos nos currículos das disciplinas e ocupações, os conhecimentos, as habilidades e as atitudes deveriam fornecer elementos para que o docente estruturasse uma sequência significativa de aprendizagem com conteúdos relevantes.

A equipe do Peare desejava que as dimensões essenciais da aprendizagem fossem compreendidas integradamente, uma dimensão contribuindo com a outra (Figura 2).

Figura 2 – *Dimensões de aprendizado*

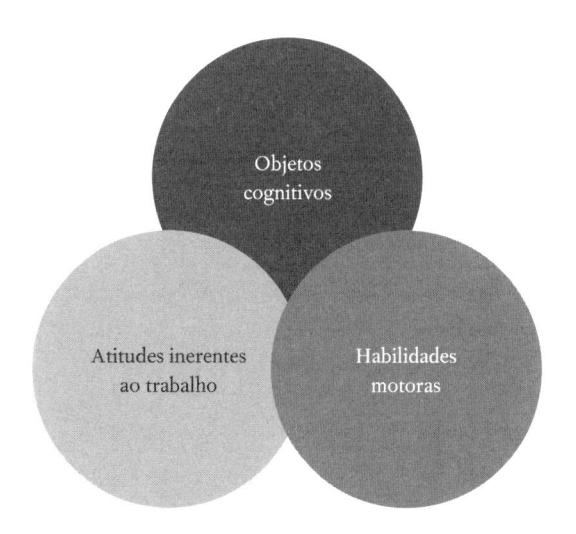

Fonte: Depresbiteris (1988, p. 136).

Com relação aos conhecimentos e às habilidades, dois critérios norteavam sua ordenação: gradualidade e continuidade. O *critério de gradualidade* referia-se basicamente ao processo das pequenas etapas, ou seja, à distribuição adequada, em quantidade e qualidade, dos conhecimentos e das habilidades. Visava a atender ao princípio pedagógico de desafiar o aluno de forma crescente quanto às dificuldades. O *critério de continuidade* era proposto de modo a possibilitar a formação de uma sequência em que cada etapa iria se ajustando às anteriores.

Com relação às atitudes, abordavam-se dois tipos:

- atitudes inerentes ao trabalho; e
- atitudes sociais.

As *atitudes inerentes ao trabalho* eram aquelas intrinsecamente relacionadas aos processos e produtos a serem obtidos. Por exemplo, fazer uma instalação elétrica exigiria do aluno tomar certas precauções, tendo em vista principalmente sua segurança pessoal. As *atitudes sociais* eram de natureza mais geral e focavam as atitudes essenciais para a vida em sociedade, como respeito, iniciativa, cooperação e responsabilidade, entre outras.

A análise dos conhecimentos, das habilidades e das atitudes tinha a intenção de traçar o perfil desejado do educando, não somente em termos dos conteúdos e das técnicas, mas das atitudes para a formação de um trabalhador competente e de um cidadão para a vida em sociedade.

Essa fase do trabalho era salientada como de grande importância para o docente, na medida em que o guiaria na seleção das melhores estratégias de ensino, no estabelecimento de critérios, indicadores e instrumentos de avaliação. No entanto, era igualmente importante para o aluno, na medida em que, estando informado do que dele se esperava, poderia direcionar melhor seus esforços para aprender.

Na parte diversificada, a análise das habilidades deveria ser feita a partir dos chamados quadros analíticos das Séries Metódicas Ocupações (SMO). As SMO eram compostas das Folhas de Tarefa (FT), Folhas de Operações (FO), Folhas de Informações Tecnológicas (FIT), quadro analítico e quadros-programas. Estes últimos permitiam uma análise integrada de práticas, conhecimentos e atitudes.

Um exemplo do quadro analítico do curso de Tornearia é apresentado na página seguinte (Quadro 3).

Para cada tarefa havia um conjunto de conhecimentos classificados em mediatos e imediatos, organizados em um quadro-programa. Os mediatos correspondiam aos conhecimentos que os alunos deveriam alcançar ao longo do curso, enquanto os imediatos referiam-se aos conhecimentos indispensáveis à realização de cada tarefa. Dessa maneira, o planejamento e a avaliação deveriam considerar principalmente esses últimos, que funcionam como pré-requisitos fundamentais ao desempenho do aluno para outras tarefas mais complexas.

As atitudes inerentes ao trabalho surgiam da análise das tarefas e dos conhecimentos, mas previam aquelas que no mundo do trabalho eram valorizadas: cuidados com os equipamentos e observação às normas de segurança.

Na parte comum, em razão das características das várias disciplinas, cabia ao docente e à equipe escolar maior participação na análise de conhecimentos, habilidades e atitudes. Os elementos curriculares e os conteúdos programáticos eram a base para essa fase do trabalho. Em algumas disciplinas, que ainda não possuíam esses documentos de base, o trabalho partia da experiência dos docentes.

As atitudes inerentes ao trabalho eram diferenciadas conforme a natureza de cada disciplina. Algumas disciplinas ensejavam maior oportunidade de desenvolvimento dessas atitudes, como língua portuguesa, ciências e desenho.

Em ciências, por exemplo, alguns indicadores de atitudes valorizadas eram "cuidado com o equipamento, precauções quando da realização da experiência" e "zelo com os materiais".

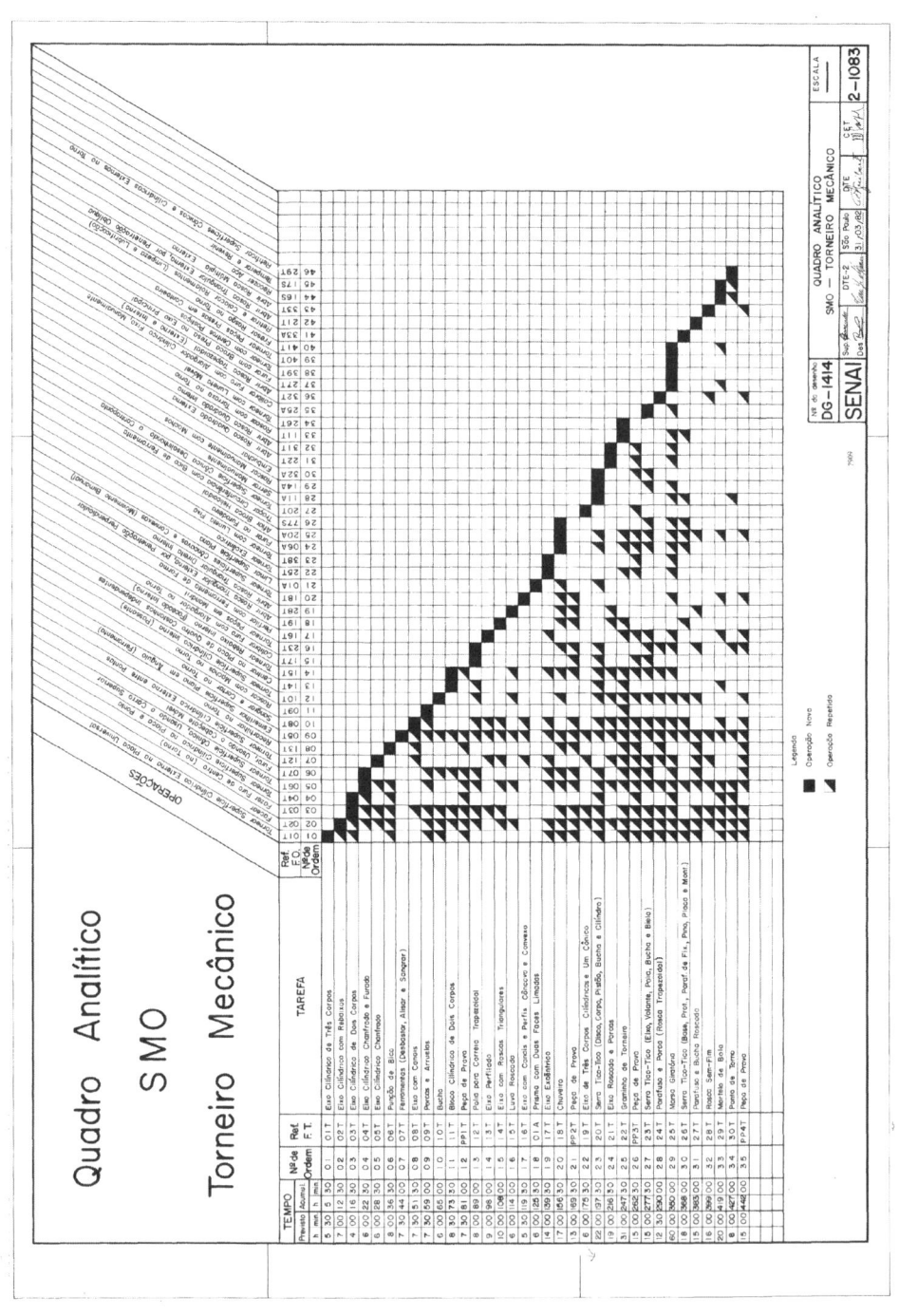

QUADRO 3 – *Quadro analítico da Série Metódica Ocupacional (SMO) do torneiro mecânico*

2. *Previsão modular – planejamento com relação ao tempo*

Caracterizados os conhecimentos, as habilidades e as atitudes que deveriam ser desenvolvidos no curso, o docente precisava considerar a carga horária disponível para efetivar seu trabalho. A proposta foi a de uma previsão modular.

Compreendia-se por módulo uma unidade, ou seja, o conjunto de conteúdos, habilidades e atitudes significativos que se buscava desenvolver. Pretendia-se que os docentes tivessem uma percepção analítica do todo (curso) e de suas partes (unidades).

Outra intenção da proposta de previsão modular era propiciar oportunidade de acompanhamento constante das atividades por meio de avaliações, não necessariamente formais, que ocorreriam durante e ao final de cada módulo e que propiciariam reformulações no processo.

Na parte diversificada, os módulos (unidades) eram representados pelas tarefas e as subunidades pelas operações e conhecimentos tecnológicos.

Na parte comum, pelos temas mais amplos da disciplina. Por exemplo, números decimais, fotossíntese etc.

Na previsão modular, havia a possibilidade de colocar-se "aulas-reserva", que funcionavam como uma espécie de acolhimento dos alunos e que reuniam as seguintes atividades: discussão do curso, diagnóstico de dificuldades relativas a pré-requisitos ou outras sondagens necessárias. Essas aulas também conferiam certa maleabilidade ao planejamento, oferecendo margem de segurança para compensações de aulas e propiciando um momento útil para avaliação global e discussão dos resultados.

3. Definição de objetivos gerais e específicos, com determinação de níveis de desempenho

A finalidade dessa fase era mostrar que, antes de definir os objetivos gerais e específicos de cada disciplina e ocupação, era necessário analisar os diferentes níveis de planejamento da instituição: educacional e curricular.

No planejamento educacional da instituição, os objetivos voltam-se para fins educacionais amplos, visando ao desenvolvimento da personalidade integral do aluno. Em nível de planejamento curricular, os objetivos estavam voltados para a totalidade de experiências do aluno na escola e diziam respeito tanto aos desempenhos finais dos diferentes cursos e disciplinas como às atividades educacionais complementares.

Dessa forma, o docente era aconselhado a atentar cuidadosamente para os objetivos gerais e específicos.

Objetivos	Discriminação
Gerais	do curso, da disciplina e das unidades
Específicos	das unidades

O objetivo geral tinha como finalidade fornecer a indicação precisa do desempenho final desejado para o curso ou disciplina, bem como dos desempenhos finais das unidades. Os objetivos específicos eram a descrição clara e concisa dos conhecimentos e habilidades a serem alcançados pelos alunos e serviam como guia orientador do docente na seleção de conteúdos, estratégias de ensino e no levantamento de indicadores de atitudes inerentes ao trabalho. A relação de coerência entre os objetivos específicos e os gerais também se constituía em foco importante de análise.

Um dos princípios de análise indicados aos docentes era que, na definição dos objetivos, fosse objeto de reflexão a concepção de aluno.

Sugeria-se que se considerasse a ideia de que uma pessoa é um todo indissociável onde concorrem, integradamente, conhecimentos, atitudes e habilidades.

Considerando que as habilidades e as atitudes inerentes ao trabalho requerem conhecimentos e precisam de tempo e prática para serem desenvolvidas, um procedimento que poderia ser seguido era o de considerá-las critérios de avaliação, com finalidades de auxiliar tanto o docente como o próprio aluno. Ao docente porque, acompanhando o desempenho do aluno, a partir dos indicadores de habilidades e atitudes, teria mais informações sobre como orientar o aluno. Ao aluno porque, sabedor dos critérios pelos quais seria avaliado, estaria mais consciente de como melhorar seu desempenho, recorrendo ao docente sempre que fosse preciso.

Os docentes eram informados de que diversos autores se preocuparam com a forma de especificar objetivos e estruturá-los hierarquicamente, em níveis ou categorias de desempenho em termos de conhecimentos e habilidades. No PEARE, as propostas de planejamento e avaliação não tinham qualquer preocupação em seguir rigorosamente esses autores; buscava-se somente aproveitar algumas ideias que se constituíam fundamentais para o desenvolvimento de níveis de pensamento mais complexos.

As ideias de Bloom (1977) serviram de base para a definição dos níveis do domínio cognitivo, ou seja, mais especificamente para os conhecimentos a serem desenvolvidos nas disciplinas da parte comum e conhecimentos técnicos e tecnológicos das ocupações da parte diversificada.

Em outras instituições a ênfase era dada aos verbos que deveriam ser utilizados para cada nível cognitivo: conhecimento, compreensão, aplicação, análise, síntese e avaliação. A equipe do PEARE queria que os docentes percebessem que, quanto mais se investe na busca de raciocínios mais complexos, maior a possibilidade de condições do aluno para desenvolver autonomia e capacidade crítica.

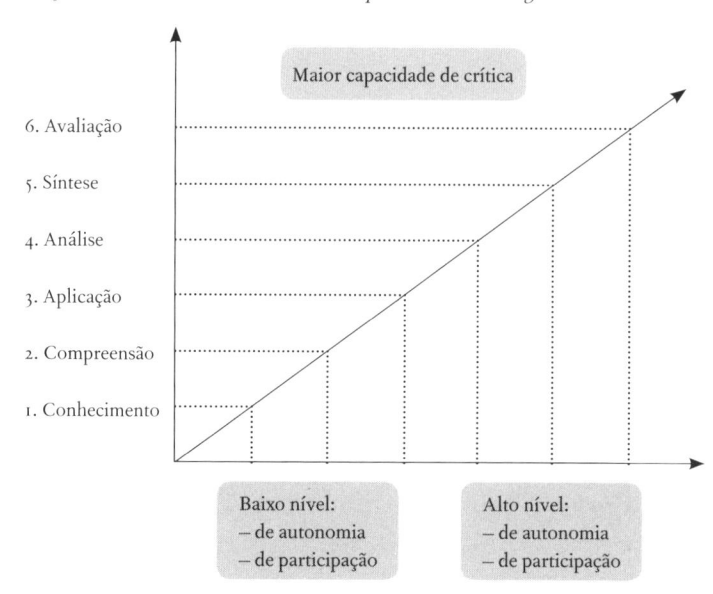

FIGURA 3 – *Níveis da taxonomia de Bloom para o domínio cognitivo*

```
                    Maior capacidade de crítica

6. Avaliação
5. Síntese
4. Análise
3. Aplicação
2. Compreensão
1. Conhecimento

        Baixo nível:              Alto nível:
        – de autonomia            – de autonomia
        – de participação         – de participação
```

Fonte: Adaptação da taxonomia de Bloom (1977).

Segue-se uma descrição sucinta de cada um deles.

- Conhecimento – Refere-se à capacidade de recordar – sob a forma de identificação ou evocação – ideias, conteúdos, fenômenos, datas e fatos específicos, além de formas e meios de tratar esses fatos.
- Compreensão – Inclui o conhecimento. É a capacidade de entender e empregar as informações adquiridas, de captar o significado dos conteúdos, dos fenômenos, dos fatos.
- Aplicação – Trata-se do nível que supõe que o aluno, a partir da compreensão de certos conhecimentos, aplique o que foi aprendido em situações novas ou concretas.
- Análise – É a capacidade de decompor um todo em partes significativas. Envolve conhecimento anterior, compreensão e aplicação.
- Síntese – Descreve a capacidade de juntar as partes para formar um todo novo. Está diretamente ligada à criatividade, uma vez que se pode chegar à síntese por diversas formas.

- Avaliação – Constitui-se no nível mais alto de desempenho, sendo impossível chegar a ele sem o desenvolvimento dos outros. É a capacidade de julgar o valor dos conteúdos, fatos e fenômenos. O aluno, por meio desse nível, chega a maior autonomia, maior participação e maior capacidade crítica.
- Quanto ao domínio psicomotor, diretamente ligado às habilidades manuais da parte diversificada e algumas disciplinas da parte comum, propunha-se a reflexão sobre a mesma lógica do domínio cognitivo, ou seja, quanto mais complexo o nível, maior grau de autonomia e criatividade.

Dessa forma, à medida que o aluno avançasse no aprendizado da ocupação, deveria aplicar as habilidades aprendidas, ensejando a culminância desse processo em nível de criatividade, que era uma das principais metas da realização dos trabalhos industriais.

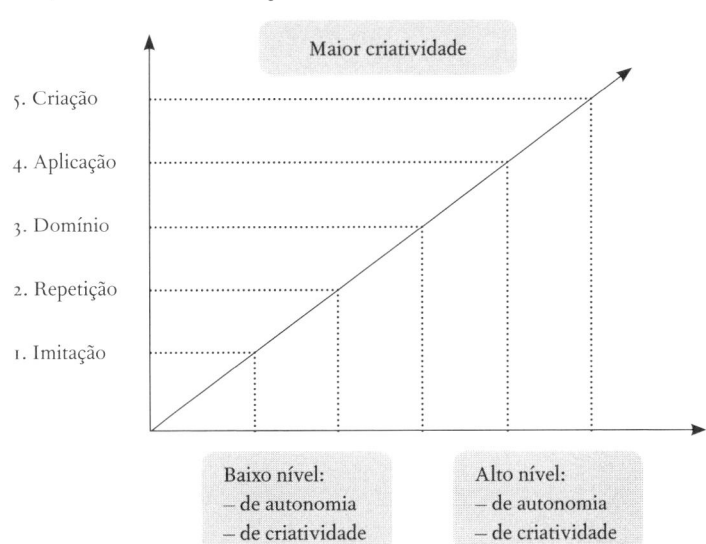

FIGURA 4 – *Níveis da taxonomia para o domínio motor*

Fonte: Bloom, op. cit.

- Imitar – O aluno copia cada elemento de uma habilidade enquanto segue um modelo e recebe assistência direta.
- Repetir – O aluno pratica uma habilidade com assistência enquanto evolui para um desempenho sem assistência.
- Dominar – O aluno executa uma habilidade em situações específicas com precisão e velocidade adequadas.
- Aplicar – O aluno executa a habilidade, independentemente, em uma variedade de situações, com precisão e velocidade adequadas.
- Criar – O aluno modifica, adapta ou introduz novos elementos a uma habilidade previamente adquirida.

Os objetivos gerais, no âmbito da parte diversificada, indicavam o desempenho do aluno nas tarefas propostas para as diferentes ocupações. Além dos objetivos gerais, era sugerido que se definissem os objetivos específicos relacionados às operações e poderiam ser distribuídos nos seguintes campos:

- conhecimentos tecnológicos, principalmente os de aplicação imediata, relativos às operações;
- planejamento para a execução das operações;
- execução das operações propriamente ditas.

Um exemplo de objetivos geral e específicos da parte diversificada é apresentado a seguir, no Quadro 4.

QUADRO 4 – *Exemplo de objetivos geral e específicos da parte diversificada*

OBJETIVO GERAL – EXECUTAR O EIXO CILÍNDRICO DE TRÊS CORPOS		
COMPONENTES		OBJETIVOS ESPECÍFICOS
Conhecimentos tecnológicos		Identificar as partes e as principais características do torno mecânico horizontal. (Conhecimento)
		Utilizar régua graduada. (Aplicação)
		Medir, com paquímetro, em décimos de milímetro. (Aplicação)
		Reconhecer no desenho técnico as vistas, os elementos do sistema de cotagem e a escala em que foi feito. (Compreensão)
Planejamento da execução		Descrever a ordem da execução da peça, do começo ao fim.
Execução	Habilidade	Tornear superfície cilíndrica, na sequência correta de passos. (Aplicação)
	Precisão	Reproduzir na peça as medidas indicadas no desenho. (Aplicação)
	Qualidade	Obter acabamento de superfície conforme desenho. (Aplicação)
	Rapidez	Executar a peça no tempo previsto. (Aplicação)

Fonte: PEARE.

Na parte comum, sugeriu-se que os docentes, antes de definirem objetivos, pensassem na estrutura de conteúdos de disciplina: suas relações e aplicação na parte diversificada. Uma ideia foi a de traçar mapas mentais para verificar, em cada conteúdo, a hierarquia de conceitos em termos de um aprendizado sequencial mais didático.

Um exemplo de matemática, sobre regra de três, é apresentado a seguir.

FIGURA 5 – *Mapa cognitivo para o conteúdo – regra de três*

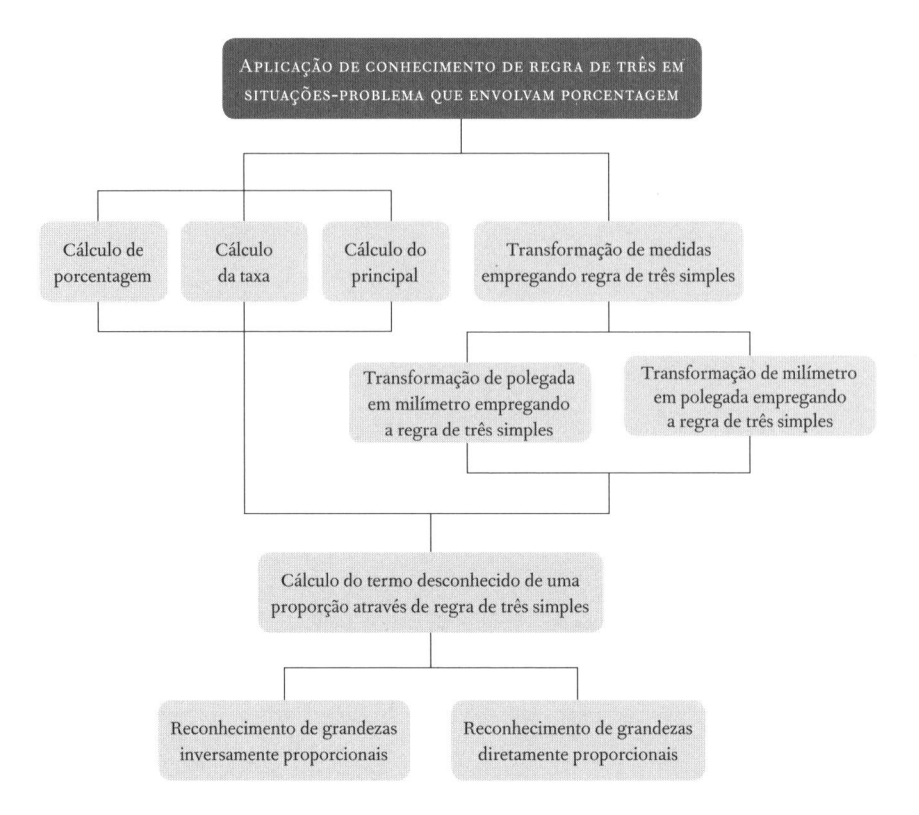

```
┌─────────────────────────────────────────────────┐
│  APLICAÇÃO DE CONHECIMENTO DE REGRA DE TRÊS EM  │
│  SITUAÇÕES-PROBLEMA QUE ENVOLVAM PORCENTAGEM    │
└─────────────────────────────────────────────────┘
     │           │           │              │
┌─────────┐ ┌─────────┐ ┌─────────┐ ┌──────────────────────┐
│Cálculo de│ │ Cálculo │ │Cálculo do│ │ Transformação de    │
│porcentagem│ │ da taxa │ │principal │ │ medidas empregando  │
│          │ │         │ │          │ │ regra de três simples│
└─────────┘ └─────────┘ └─────────┘ └──────────────────────┘
                                     │                  │
                        ┌──────────────────────┐ ┌──────────────────────┐
                        │ Transformação de     │ │ Transformação de     │
                        │ polegada em milímetro│ │ milímetro em polegada│
                        │ empregando a regra   │ │ empregando a regra   │
                        │ de três simples      │ │ de três simples      │
                        └──────────────────────┘ └──────────────────────┘
                                     │
                        ┌──────────────────────────────────┐
                        │ Cálculo do termo desconhecido de │
                        │ uma proporção através de regra   │
                        │ de três simples                  │
                        └──────────────────────────────────┘
                              │                    │
                ┌──────────────────────┐ ┌──────────────────────┐
                │ Reconhecimento de    │ │ Reconhecimento de    │
                │ grandezas inversamente│ │ grandezas diretamente│
                │ proporcionais        │ │ proporcionais        │
                └──────────────────────┘ └──────────────────────┘
```

A partir desse mapa, os docentes de matemática e das ocupações que necessitam desses conteúdos poderiam definir os objetivos geral e específicos a serem desenvolvidos.

QUADRO 5 – *Exemplo de objetivos geral e específicos da parte comum*

OBJETIVO GERAL – APLICAR CONHECIMENTOS DE REGRA DE TRÊS EM SITUAÇÕES-PROBLEMA QUE ENVOLVAM PORCENTAGEM
Objetivos específicos
• Reconhecer grandezas diretamente proporcionais. (Compreensão) • Reconhecer grandezas inversamente proporcionais. (Compreensão) • Calcular o termo desconhecido de uma proporção através da regra de três. (Aplicação) • Transformar milímetro em polegada empregando regra de três. (Aplicação) • Transformar polegada em milímetro empregando regra de três. (Aplicação) • Transformar medidas empregando regra de três. (Aplicação) • Calcular a taxa. (Aplicação) • Calcular o principal. (Aplicação)

Fonte: PEARE.

Outra preocupação nessa fase foi com a redação dos objetivos específicos do domínio cognitivo. Sugeriu-se que ela abrangesse as dimensões de extensão e profundidade. A extensão limita o conteúdo a ser trabalhado, formando um todo harmonioso, em uma sequência lógica. A profundidade diz respeito aos níveis de desempenho a serem atingidos. A dimensão profundidade contida no objetivo deve orientar o docente na forma de condição e avaliação da aprendizagem.

No exemplo *identificar o triângulo retângulo entre figuras geométricas:*

- o conteúdo da aprendizagem "figura geométrica" está limitado, em sua extensão, ao triângulo retângulo;
- a profundidade da aprendizagem diz respeito ao nível de raciocínio do aluno. No exemplo, o nível de desempenho é conhecimento.

O PEARE queria mostrar que esse objetivo, embora extremamente especificado, dava margem a uma organização variada de estratégias de ensino e propiciava flexibilidade para a elaboração de itens de teste, o que não aconteceria com um objetivo que na época era bastante comum nos currículos de formação profissional e que se formulava dessa maneira:

dados desenhos de figuras geométricas, o aluno deverá assinalar com um "x" o triângulo retângulo.

Como se pode observar, um objetivo assim redigido era praticamente um item de teste e denotava uma visão extremamente condutivista da aprendizagem.

No PEARE, os objetivos definidos não deveriam limitar a ação do docente ou tornar mecânica a atividade do aluno. Serviam como linha mestra ao planejamento e à avaliação na qual seriam estabelecidos os critérios necessários a um efetivo julgamento da qualidade da aprendizagem.

4. Identificação dos conteúdos para os objetivos

Após a definição dos objetivos, vinha o procedimento de identificar os conteúdos, ou seja, conjuntos de conhecimentos que permitissem o alcance dos objetivos pelo aluno. Quanto mais profundo fosse o conhecimento do aluno, maiores possibilidades ele teria de lidar com sua realidade, analisando-a criticamente e vivenciando-a conscientemente. Portanto, os conteúdos deveriam ser definidos a partir de certas decisões:

- selecionar os mais significativos dentro do campo de conhecimento do curso ou disciplina;
- ordená-los sequencial e organicamente;
- verificar sua adequação ao nível de maturidade do aluno;
- analisar seu valor social.

Os docentes da parte diversificada eram estimulados a não perderem de vista a coerência entre objetivos específicos e objetivo geral e entre objetivos específicos e conteúdos.

O Quadro 6 mostra um exemplo para a área de Mecânica.

Quadro 6 – *Exemplo de coerência entre objetivos e conteúdo – área de Mecânica*

Assuntos		Objetivos específicos	Conteúdos
Conhecimentos tecnológicos		Identificar as partes e as principais características do torno mecânico horizontal. (Conhecimento)	Nomenclatura (barramento, cabeçote, carro principal etc.). Características (distância máxima entre pontas, alturas das pontas em relação ao barramento).
		Utilizar régua graduada. (Aplicação)	Usos (medição com e sem face de referência).
		Medir, com paquímetro, em décimos de milímetro. (Aplicação)	Nomenclatura. (Vernier, Cursor etc.) Leitura (décimos de milímetro).
		Reconhecer no desenho técnico as vistas, os elementos do sistema de cotagem e a escala em que foi feito. (Compreensão)	Vista (elevação, planta lateral). Sistema de cotagem, linhas de extensão etc. Escala (natural, redução, ampliação).
Execução	Planejamento da execução	Descrever a ordem da execução da peça, do começo ao fim.	Sequência de execução da operação.
	Habilidade	Tornear superfície cilíndrica, na sequência correta de passos. (Aplicação)	Processo de execução dos passos da operação de tornear superfície cilíndrica.
	Precisão	Reproduzir na peça as medidas indicadas no desenho. (Aplicação)	Medidas de diâmetro e de comprimento.
	Qualidade	Obter acabamento de superfície conforme desenho. (Aplicação)	Tipos de acabamento (símbolos de acordo com a ABNT).
	Rapidez	Executar a peça no tempo previsto. (Aplicação)	Vantagens da rapidez para eficiência e produtividade.

Na parte comum, um exemplo de matemática pode ser visto a seguir (Quadro 7).

QUADRO 7 – *Exemplo de conteúdo da parte comum – regra de três e porcentagem*

UNIDADE — *Regra de três e porcentagem*	
OBJETIVO GERAL – *Aplicar conhecimentos de regra de três em situações-problema que envolvam porcentagem*	
OBJETIVOS ESPECÍFICOS	CONTEÚDOS
• Reconhecer grandezas diretamente proporcionais. (Compreensão) • Reconhecer grandezas inversamente proporcionais. (Compreensão)	REGRA DE TRÊS • Grandezas diretamente proporcionais. • Conceito.
• Calcular o termo desconhecido de uma proporção através da regra de três. (Aplicação)	• Cálculo do termo desconhecido.
• Transformar milímetro em polegada empregando regra de três. (Aplicação) • Transformar polegada em milímetro empregando regra de três. (Aplicação) • Transformar medidas empregando regra de três. (Aplicação)	• Regra de três e transformação de medidas.
• Calcular a taxa. (Aplicação)	PORCENTAGEM • Conceito. • Determinação da taxa através da regra de três.

Fonte: PEARE.

5. Seleção de estratégias de ensino

Em situações de aprendizagem, é importante analisar o papel docente enquanto elemento ativo na seleção de estratégias que o auxiliarão no desenvolvimento da aprendizagem dos alunos.

O PEARE defendia a ideia de que o docente, enquanto principal agente do processo de aprendizagem, tinha os seguintes desafios:

- Propiciar discussões quanto aos conhecimentos, habilidades e atitudes a serem desenvolvidos.

- Orientar continuamente aluno, evidenciando os seus sucessos e incentivando-o na busca de melhoria em desempenhos considerados insatisfatórios.
- Orientar objetivamente as experiências e situações-problema, visando a novas soluções, extrapolação e transferência de aprendizagem; fundamentar os conceitos com objetivos e fatos relevantes.
- Colocar o aluno em situações novas, estimuladoras.
- Ampliar seu domínio nos assuntos relativos à sua disciplina ou ocupação; promover relações democráticas no ambiente de trabalho.

Caberia ao docente selecionar suas estratégias de acordo com os recursos da escola e até de seu estilo pessoal, sempre com vistas ao nível de aprendizagem pretendido.

Mostrava-se que o docente poderia contar com diferentes tipos de estratégias: demonstrações, material impresso, vídeos e dinâmicas diversas de trabalho em grupo, e que uma mescla dessas estratégias poderia levar a uma aprendizagem mais dinâmica e eficiente.

Um dos requisitos básicos de qualquer estratégia era a de que elas proporcionassem ao aluno oportunidades de vivenciar os conteúdos veiculados.

Deixava-se patente que não existem fórmulas prontas para a seleção de estratégias. O valor de uma estratégia está diretamente relacionado às possibilidades de facilitar o alcance dos objetivos, o que implica análise cuidadosa desses objetivos e também da disponibilidade de recursos para concretizá-los.

A seguir, algumas estratégias que foram indicadas:

- Exposição – Geralmente utilizada para introduzir um tema novo, incentivar os alunos a estudá-lo, fornecer uma base compreensiva ao trabalho, dar uma visão global do assunto e esclarecer conceitos. Se feita em forma dialogada entre docente e aluno, pode ser extremamente valiosa.

- Estudo dirigido – Estratégia pela qual os alunos trabalham individualmente ou em grupo, seguindo um roteiro básico sempre com a supervisão do docente, de modo a auxiliar na superação de problemas de compreensão do trabalho.
- Arguição didática – Visa a orientar o raciocínio do aluno por meio de perguntas, a fim de levá-lo à solução de um problema ou a algum conhecimento específico, por seu próprio modo de pensar.
- Trabalho em grupo – Destinado ao desenvolvimento de algumas atitudes que favorecem o convívio social. Permite ao aluno a participação na resolução de problemas em comum e o desempenho de algumas funções, como, por exemplo, a liderança. Existem diversas formas de trabalho em grupo, cabendo ao docente a escolha das mais adequadas aos objetivos.
- Recursos visuais – Ferramentas para concretizar o aprendizado, existindo desde os mais simples até os mais sofisticados: globos, mapas, cartazes, murais, álbuns seriados e materiais impressos, como jornais, revistas, livros, folhetos etc. Existem também recursos audiovisuais, como, por exemplo, filmes super 8.
- Dramatização – Representação cênica de uma situação ou de um problema. Cada participante de cena desempenha seu papel em uma situação hipotética, procurando copiar a realidade que está sendo dramatizada. Os demais membros do grupo assistem e comentam.

Deixava-se claro que os materiais deveriam ser considerados meios para o desenvolvimento de ensino e promoção de aprendizagem, e não fins em si mesmos. Assim, de acordo com as situações específicas da sua realidade, o docente faria acréscimos, eliminações, alterações de sequência etc. que não prejudicassem o alcance dos objetivos definidos como importantes em termos educacionais.

6. Seleção de instrumentos e técnicas de avaliação[1]

Finalidades e exemplificação

Antes de falar dos instrumentos e técnicas de avaliação, estimulávamos os docentes a pensarem nas finalidades que eles deveriam ter na aprendizagem dos alunos: diagnóstica, formativa e somativa.

Quadro 8 – *Funções e finalidades da avaliação*

Funções	Finalidades	
Diagnóstica (Informação e Orientação)	• Determinar o comportamento de entrada do aluno. • Determinar a presença ou a ausência de pré-requisitos. • Identificar interesses, possibilidades e outros problemas específicos tendo em vista a adequação do ensino. • Identificar dificuldades de aprendizagem e suas possíveis causas.	
Formativa (Informação e Orientação)	• Fornecer *feedback* ao aluno e ao docente durante o desenvolvimento de um programa instrucional. • Localizar acertos e erros do aluno nas diversas sequências, de modo a incentivar ou corrigir a aprendizagem (recuperação). • Corrigir deficiências de programas e de materiais.	• Provas • Observações • Exercícios • Estudo de caso
Somativa (Administrativa)	• Certificar ou atribuir notas ao aluno. • Julgar o mérito ou valor de um programa ou da aprendizagem do aluno.	• Provas • Observações

Fonte: Pecher, Fritz Cristof R. et al (1987, p. 27).

Além das finalidades da avaliação, discutiu-se a relação entre instrumentos e técnicas com os objetivos a serem avaliados, definidos no planejamento. Enfatizava-se, também, que na formação profissional a observação é uma técnica fundamental para avaliar o aluno, devendo

---

1. Na literatura de avaliação, muitas vezes há uma distinção entre instrumentos e técnicas de avaliação. Por exemplo, a observação é uma técnica e o *checklist* dos aspectos observados é o instrumento. No Peare, usávamos as duas designações, sem atentar para as diferenças entre elas.

estar baseada em critérios bem definidos. Mostrava-se aos docentes a relação intrínseca entre a qualidade dos instrumentos e das técnicas e a validade dos resultados, apontando-se para os inúmeros cuidados na elaboração destes.

Na parte diversificada, os docentes, que já priorizavam a avaliação formativa, reforçaram essa atitude no acompanhamento dos alunos. A observação era a técnica mais utilizada, complementada por listas de desempenhos desejados comunicados aos alunos, de modo a promover sua autoavaliação.

Na parte comum, os docentes se conscientizaram de que a avaliação formativa não era a aplicação de provas bimestrais, mas sim a ação de melhoria dos desempenhos no processo como a finalidade maior da avaliação.

7. Ponderação dos níveis de desempenho

A ponderação dos níveis de desempenho foi apresentada como atividade importante para que os instrumentos e técnicas de avaliação pudessem contar com questões ou oportunidades bem distribuídas para as diversas habilidades e conhecimentos que se pretendia medir. Na época, já se falava de uma matriz referencial que deveria embasar a elaboração dos instrumentos de avaliação.

8. Determinação de critérios de avaliação e atribuição de notas

Os critérios de avaliação eram apresentados como padrões, parâmetros, como "regras do jogo" e que deveriam ser sempre comunicados aos alunos para que também pudessem se autoavaliar.

Quanto à determinação de critérios de avaliação, definiu-se que eles constituíam parâmetros básicos para efetuar a avaliação e que deveriam ser de duas naturezas: a primeira, qualitativa, relacionada à descrição do que deveria ser alcançado em termos de habilidades motoras, conhecimentos e atitudes. Em outras palavras, os critérios deveriam estar diretamente ligados à própria qualidade de cada desempenho definido no planejamento. A segunda, de natureza quantitativa, representava os indicadores numéricos de desempenho, ou seja, número de objetivos alcançados.

Na teoria de avaliação, explicava-se aos docentes que essas comparações recebiam os nomes de abordagem referenciada em critérios e abordagem referenciada em normas.

A avaliação referenciada em critérios relaciona o desempenho do aluno com um padrão estabelecido. O que se busca é o alcance dos objetivos, que devem estar bem formulados para permitir o trabalho de avaliação.

A avaliação referenciada em normas relaciona o desempenho de um aluno com o de outros alunos do mesmo grupo. A finalidade principal desse tipo de avaliação é classificar os alunos, sendo, portanto, mais utilizada em exames de seleção.

Para um processo de avaliação do rendimento escolar, a abordagem mais adequada é a referenciada em critérios. A grande vantagem desse tipo de avaliação em relação à de normas é que ela se baseia em parâmetros absolutos, isto é, não compara o aluno com o outro, mas sim seu desempenho com o desempenho desejado. Assim, nesse tipo de abordagem, os alunos analisam o seu crescimento e são estimulados à recuperação, no momento em que se verificam problemas quanto ao alcance de determinados objetivos.

As medidas referenciadas em critério, criadas por Glaser (1963), trouxeram um novo alento, com a difusão da teoria de que todos ou quase todos os indivíduos podem aprender e atingir um nível considerável de capacitação, ideia que já havia sido proposta por Bloom (1983).

Com relação à atribuição de notas, foi discutido o papel que ela deveria representar em um sistema de ensino, que é o de traduzir os desempenhos do aluno, servindo de guia para orientações posteriores. No caso do PEARE, considerando a escolha da abordagem referenciada em critérios, optou-se por notas que relacionassem diretamente a aprendizagem do aluno com objetivos previamente determinados. A nota corresponderia, portanto, à porcentagem de alcance de objetivo, sendo passível de modificação após os alunos terem passado por atividades de recuperação.

Especificamente quanto às decisões, discutiu-se que aquelas inerentes ao trabalho se constituíssem em critérios de avaliação. Assim, quando o docente definia um objetivo (por exemplo, utilizar o paquímetro), além dos conhecimentos tecnológicos necessários e das habilidades de manuseio do instrumento, deveria levantar também os indicadores que permitissem inferir o desenvolvimento da atitude inerente ao trabalho; no caso, os cuidados com o instrumental. Um exemplo de cuidado seria se o aluno exercia pressão adequada no contato do paquímetro com a peça.

As atitudes sociais não receberiam notas, pois a ideia básica é que elas seriam promovidas ao longo de todo o percurso do aluno na escola. A exclusão da nota quanto às atitudes sociais, além de atender a uma solicitação feita no diagnóstico, respondeu a um referencial teórico sobre as características das atitudes, que, segundo Lück (1983), podem ser assim descritas:

a) A atitude é mutável. O homem é um ser inacabado, aberto à aquisição de novos valores, passível de constante modificação de comportamento perante os diversos objetos sociais. A aceitação desse fato implica maior flexibilidade nos julgamentos, quebra de preconceitos e abertura com relação aos outros.

b) A atitude inclui comportamentos motivacionais. As atitudes podem ser estimuladas, ou seja, um docente dedicado, que demonstra interesse em seus alunos, que se orienta, que busca atualização de conhecimentos, que demonstra amor pela sua disciplina, só pode estimular nos seus alunos atitudes favoráveis à sua matéria.

c) A atitude inclui componentes cognitivos. O componente "conhecimento" é imprescindível; quanto mais informações a pessoa tiver, mais profundamente poderá desenvolver atitudes.

d) A atitude inclui componentes emocionais. Na promoção de atitudes estão envolvidos aspectos interiores da pessoa (seus sentimentos), que, como tais, devem ser respeitados. Ao emitir uma opinião sobre as atitudes dos alunos, o docente deve fazê-lo mediante acompanhamento e observações criteriosas. Foi ressaltado que o desenvolvimento das atitudes é um processo, e como tal, o aluno não "é", mas "está" de determinada maneira. Assim, parece ser mais importante promover as atitudes continuamente, verificando sua incorporação, do que simplesmente as registrar com uma nota.

Ênfase especial foi dada à atitude crítica que se deve desenvolver no aluno, buscando situá-lo em sua profissão, conhecendo-a e dominando-a, ficando consciente de seus deveres e direitos em seu exercício.

9. Disseminação e formas de utilização dos resultados de avaliação

"Existe vida depois da correção e da nota atribuída em provas, desenhos, pesquisas e outros trabalhos dados aos alunos?", pergunta Allen (2000). O PEARE queria afirmar que sim e que a avaliação era uma importante forma de comunicação que facilitava a construção dos conhecimentos em sala de aula e nas oficinas.

A devolutiva dos resultados de avaliação era, em sua essência, uma forte auxiliar do aluno a vencer alguns obstáculos em sua aprendizagem, por ação própria ou com ajuda de outras pessoas.

A ideia era de que vários atores deveriam receber as informações de avaliação. Os alunos, evidentemente, porque representam a pessoa central do processo de ensino e aprendizagem. Desejava-se que os alunos fossem considerados recebedores ativos, cabendo aos docentes estimulá-los a participar ativamente na tomada de decisões com base nas informações recebidas.

A comunicação entre a escola e a família também era considerada fundamental. Outro ator importante era o próprio docente, que poderia verificar a adequação ou não de suas práticas adotadas no processo de ensino e aprendizagem.

No SENAI, a devolutiva para a escola poderia funcionar como um convite a uma reflexão conjunta sobre os resultados coletados pelos instrumentos, na perspectiva de uma reflexão grupal. A reflexão rompe com o isolamento do trabalho, pelo qual o professor fecha a porta de sua sala e não tem o hábito de discutir com os colegas sobre sua prática. Pesquisas demonstram que as escolas que se modificam, que se transformam, utilizam certas ferramentas e processos que facilitam a tarefa de desvelar e ventilar crenças profundamente arraigadas (Szabo, 1996, p. 87). O processo colaborativo faz que se cumpra, de maneira mais próxima, a concepção de uma avaliação como forma de obter mais dados, mais informações sobre a aprendizagem dos alunos, e melhorar seus desempenhos.

Ponto crucial na devolutiva, tanto na parte diversificada como na parte comum, era adotar estratégias de recuperação da aprendizagem dos alunos.

Eram propostas duas formas de recuperação: a pedagógica e a de estudos.

A recuperação pedagógica era aquela realizada ao longo do percurso do aluno, independente da nota recebida. Era um compromisso educacional que levava o docente a "cuidar" da aprendizagem do educando em qualquer situação favorável a esse cuidado.

A recuperação de estudos foi mostrada como um processo contínuo que permearia a prática docente ao longo do período letivo.

A recuperação ocorria ao final de cada unidade de ensino desenvolvida e avaliada, e o aluno com aproveitamento inferior a 50% dos objetivos propostos deveria ser convocado a participar de um processo de recuperação.

As atividades de recuperação deveriam ser acompanhadas pelo docente, pela coordenação técnica e pela orientação educacional e serem registradas para se poder ter uma visão da evolução do aprendizado do aluno.

Os estudos de recuperação deveriam ser realizados em horários previamente agendados entre o educando e o docente, sem prejuízo da continuidade das aulas. Além de ser realizado de forma contínua, o processo de recuperação seria definido pelo docente, com o objetivo de atender à dinâmica e ao ritmo de desenvolvimento do componente curricular por ele ministrado.

Ao final do processo de recuperação, o educando era submetido a uma nova avaliação da unidade. A nota atribuída ao aluno deveria expressar a porcentagem de objetivos alcançados, substituindo a anterior. Por exemplo, um aluno que antes teve 40% de alcance de objetivos, se na recuperação alcançasse 70% de objetivos, ficaria com essa última nota.

CAPÍTULO IV

A capacitação dos educadores – o coração do Peare

Foi o tempo que perdeste com tua rosa que fez tua rosa tão importante.
GUIMARÃES ROSA

A equipe responsável pelo Peare tinha uma forte convicção: as propostas teóricas só fazem sentido se forem construídas dentro do *locus* de trabalho e se forem apropriadas à melhoria do ato de educar.

Considerando a amplitude de escolas e seus profissionais, escolheu-se a estratégia de capacitação por meio de multiplicadores: assistentes de direção e instrutores-chefes. Eles foram capacitados, pela equipe do Peare, durante duas semanas para aplicar, em caráter experimental, nas escolas as diretrizes de planejamento de ensino e avaliação do rendimento escolar e receberam apoio em serviço ao longo de quase um ano de aplicação das diretrizes.

Um aspecto importante do processo de capacitação foi o da concretização de um trabalho conjunto entre assistentes de direção e instrutores-chefes, integração que procurou evitar a dicotomia entre "o fazer" e "saber".

Como já mencionado na página 27, na década de 1980, a separação entre docentes da parte comum e docentes da parte diversificada ia desde a denominação desses profissionais (professores e instrutores, respectivamente) até uma separação física evidenciada por salas de professores separadas. Após o PEARE, a maioria das escolas começou a refletir melhor sobre essa organização espacial e a terminologia, que passou a ser de docente para todos.

Cumpre ressaltar que todos os esforços foram feitos pela instituição no tocante à capacitação dos docentes. Os processos de capacitação ocorriam em hotéis-fazenda e depois nas escolas, com acompanhamento constante da equipe coordenadora do projeto e fornecimento de material necessário para divulgação do PEARE.

Seria inviável, pela quantidade e pelo espaço do livro, reproduzir todos os materiais utilizados nessa capacitação. O objetivo deste capítulo é mostrar quais foram os temas principais do processo. Esses temas foram sempre desenvolvidos por dinâmicas que permitissem aos participantes: expor suas ideias, praticar a capacidade de escuta, demonstrar com exemplos concretos a operacionalização das diretrizes e, principalmente, sentir-se participantes da ação educativa da instituição.

Desejava-se que os assistentes de direção e instrutores-chefes não só compreendessem a parte das diretrizes pedagógicas, mas que as contextualizassem em uma dimensão mais ampla da formação de um trabalhador para a indústria e um cidadão para a vida.

A FILOSOFIA EDUCACIONAL DA INSTITUIÇÃO

Um dos primeiros temas foi o da filosofia educacional do SENAI.

Estava claro, para as escolas, o conceito de formação profissional? Nos documentos oficiais, a filosofia aparecia explícita:

> a formação profissional não pode ser encarada como um fim em si mesma, reduzida ao fazer, pois, além de ensinar o quê, para quê e porquê, o SENAI deve dirigir seus esforços para um objetivo mais elevado: preparar o jovem para o exercício consciente e integral da cidadania. (TOLLE, 1985)

Muitos participantes da capacitação indicaram que conheciam o que a instituição pregava, mas apontavam uma certa distância entre o discurso e a prática educativa.

A equipe do Peare não queria apresentar-se como criadora de um "milagre", mas mostrar que as escolas e a administração central poderiam trabalhar de modo conjunto para que houvesse uma aproximação entre essas duas dimensões.

Discutíamos que os programas de formação profissional sofriam influências de variáveis diversas, como conflitos grupais, perspectivas de carreira e rotação de mão de obra, que, por sua vez, determinavam políticas sociais, econômicas e, consequentemente, de emprego e de formação profissional (Figura 6). A contextualização nos parecia importante para que a educação profissional fosse compreendida como fenômeno complexo.

Figura 6 – *Avaliação da efetividade da formação profissional*

```
Política social
    ↓
Política de emprego
    ↓
Política de formação              Perspectiva de
    ↓                             carreira em nível
                                  de emprego
Programa de formação    Rotação da
                        mão de obra,   Urbanização,
                        produtividade, conflitos de
                        satisfação etc. grupos etc.
    ↓
Incidência sobre o emprego
    ↓
Resultados totais em nível
de mão de obra
    ↓
Resultados sociais
```

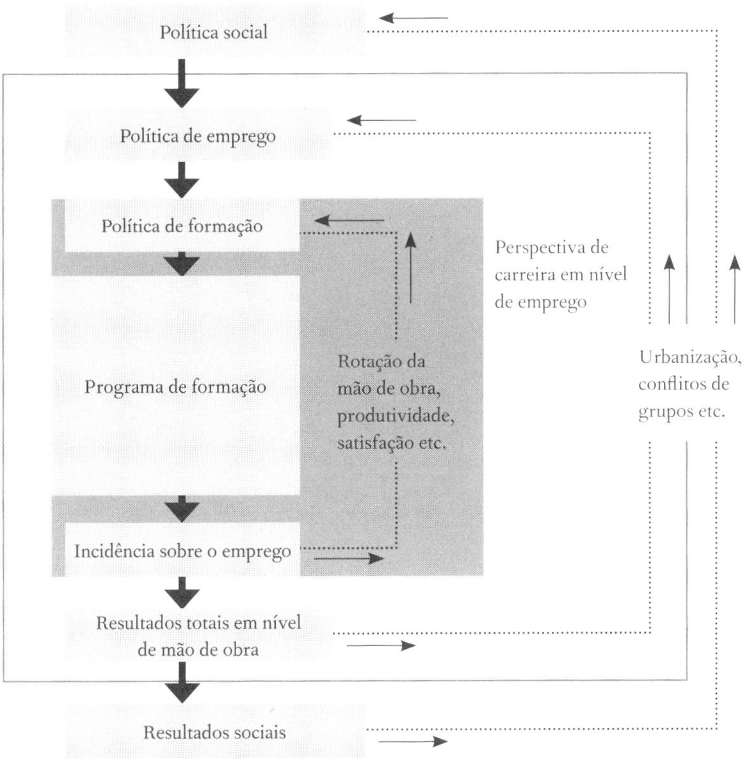

Fonte: Comission des Communautés Europeénnes (1976).

A finalidade dessa discussão era mostrar que ações de planejamento e de avaliação que não considerassem todas essas variáveis poderiam chegar a resultados ilusórios sobre a eficiência e a eficácia dos programas de formação.

Seriam parciais os estudos que atentassem para variáveis isoladas sem o cuidado de situá-las dentro de um contexto global. Nessa ordem, a instituição se arriscaria a eximir-se de sua responsabilidade social, preocupando-se mais com os aspectos técnicos do que com os aspectos que se referiam à formação de maior consciência profissional. Isto significava ajudar o aluno a compreender que exercer uma profissão é mais do que dominar técnicas inerentes à sua prática, é imbuir-se de seus valores, acreditar na sua importância e empreender uma série de realizações peculiares a ela.

Falávamos igualmente da importância do *ethos* profissional.

A dimensão curricular das disciplinas e ocupações dos cursos do Senai

Essa reflexão foi feita com muito cuidado, uma vez que o Senai era muitas vezes crucificado por ensinar um ofício. Muitos faziam uma associação imediata do Senai com o personagem de Charles Chaplin no filme *Tempos Modernos*, no qual um operário saía a esmo na rua apertando os botões da blusa de uma senhora, assim como ele apertava os botões da máquina em que trabalhava na fábrica.

Estimulávamos a análise no Senai concluindo que a instituição seguia preferencialmente a tendência tecnicista no ensino das ocupações, mas que isso se devia à própria natureza do trabalho realizado. Foi consenso que eliminar as preocupações existentes com as técnicas seria um grande dano para as ocupações, mas que essa aprendizagem deveria ir além, estimulando os educandos a resolverem problemas novos, planejarem suas ações e se autoavaliarem na busca de melhoria de seus desempenhos.

Aliás, naquela época, a política educacional adotada pelo Senai possibilitava uma formação mais humanística porque, além dos conhecimentos específicos referentes às tarefas técnicas (parte diversificada), os alunos entravam em contato com conhecimentos gerais que os dotavam de mais instrumentos de análise (parte comum).

Nessa perspectiva, as principais tendências curriculares eram apresentadas e enfatizávamos que não era intenção da equipe exaurir a discussão sobre o valor de cada tendência. Queríamos apenas delinear posições que ajudassem a esclarecer o papel da educação e, especificamente, do planejamento e da avaliação em um sistema de formação profissional. Adotar uma posição unilateral em relação a essas tendências da educação não nos parecia ser uma atitude aconselhável, uma vez que é possível determinar pontos positivos e negativos em cada uma delas (Quadro 9).

A concepção sobre o processo de aprendizagem

O Peare propunha que o processo de aprendizagem:

- é contínuo e crescente, ou seja, não ocorre de uma vez. As modificações que nos levam a apresentar desempenhos diferentes acontecem ao longo de nossa vida, mediante experiências igualmente vivenciadas. O que foi realmente aprendido não se perde e serve de suporte para a aprendizagem posterior;
- é um processo de cognição que muitas vezes envolve estruturas mentais complexas. Não é simplesmente uma resposta a um estímulo;
- é um processo em que o aprendiz deve ser considerado sujeito, e não objeto;
- implica mudanças qualitativas nas capacidades humanas, as quais não podem ser atribuídas simplesmente ao processo de crescimento biofísico;

QUADRO 9 – Tendências da educação nos diversos componentes curriculares

Tendências da Educação / Componentes curriculares	Tradicional	Nova	Tecnicista	Crítica
Escola	É uma escola autoritária voltada para as camadas mais favorecidas da sociedade.	É uma escola democrática que pretende a equalização social, sem privilégios de classe e de raça.	É uma escola que busca a eficiência do produto. O produto é mais importante que o indivíduo.	É uma escola que propõe a reflexão. Busca, então, examinar detidamente, prestar atenção, analisar com cuidado, busca filosofar. A escola é muito importante e deve ser de boa qualidade para todas as camadas da população.
Organização da Escola	As normas disciplinares da escola são muito rígidas, suas funções estão claramente definidas e hierarquizadas.	As normas disciplinares são mais livres. As funções se confundem, disfarçando a autoridade.	Aplica-se à escola um modelo empresarial. Há divisões de funções de planejamento, execução e avaliação.	A organização é um meio para que a escola funcione bem nos seus múltiplos aspectos.
Objetivos Educacionais	Os objetivos educacionais são baseados em documentos legais, obedecendo à sequência lógica dos conteúdos e não estando muito explicitados.	Os objetivos educacionais obedecem ao desenvolvimento psicológico do aluno, visando à sua autorrealização.	Os objetivos educacionais são operacionalizados e categorizados, através de verbos precisos, a partir de duas classificações: objetivos gerais e objetivos específicos.	Os objetivos educacionais são definidos a partir das necessidades concretas do contexto histórico-social no qual se encontram os sujeitos.
Conteúdos Programáticos	O que importa é a quantidade de conhecimentos. Os conteúdos são selecionados a partir da cultura universal acumulada, sendo organizados por disciplina.	O que se visa é ao desenvolvimento psicológico do aluno. Os conteúdos são selecionados a partir dos interesses dos alunos.	Os conteúdos sempre são estruturados segundo os objetivos.	Os conteúdos são selecionados a partir da ciência, filosofia, arte, política, história.
Metodologia	As aulas são centradas no professor, são expositivas. As estratégias são exercícios de fixação, leituras, cópias etc.	As atividades são centradas no aluno. As estratégias são trabalhos em grupo, pesquisas, jogos criativos etc.	A ênfase é dada aos meios instrucionais: instrução programada, módulos individualizados, audiovisuais etc.	Utiliza-se de todos os meios que possibilitem a apreensão crítica dos conteúdos.
Papel do Professor	Ele é o transmissor dos conteúdos aos alunos.	O professor é um orientador, é um facilitador da aprendizagem.	Não há o papel do professor, mas sim o de um técnico que seleciona, organiza e aplica um conjunto de meios que garantem a eficiência e eficácia do ensino.	O professor é um educador que facilita e conduz o processo de ensino-aprendizagem.
Papel do Aluno	É um ser passivo que deve assimilar os conteúdos transmitidos pelo professor.	É um ser ativo. É o centro do processo de ensino-aprendizagem.	É um elemento para quem o material é preparado.	É uma pessoa concreta, objetiva que determina e é determinada pelo social, pelo político, pelo econômico, pelo individual, pela história.
Produto da Educação	O aluno deve dominar o conteúdo cultural universal transmitido pela escola.	O aluno deve ser criativo, participativo. Deve-se dizer que ele "aprendeu a aprender".	O aluno deve ser eficiente, produtivo, deve lidar cientificamente com os problemas da realidade.	O aluno deve ser capaz de operar conscientemente as mudanças da realidade. Para isso deve dominar solidamente os conteúdos.
Papel da Avaliação	A avaliação valoriza os aspectos cognitivos com ênfase na memorização.	A avaliação valoriza aspectos afetivos (atitudes) com ênfase na autoavaliação.	Como a ênfase é a produtividade do aluno, deve-se medir o ganho de aprendizagem. Assim a avaliação enfatiza a diferença de aprendizagem entre o comportamento de entrada e de saída.	A avaliação está preocupada com a superação do senso comum (desorganização do conteúdo) para a consciência crítica (sistematização dos conteúdos).

Fonte: Fundação Centro Nacional de Aperfeiçoamento de Pessoal para a Formação Profissional (Cenafor-SP). Documento preparado para as Escolas Técnicas Federais, 1983. Texto usado em cursos para professores na década de 1980. As duas últimas linhas do quadro não foram consideradas pela autora por discordar da visão do aluno como produto. (N.R.T.)

- ocorre mais facilmente quanto maior for a interação entre o docente e o aluno;
- ocorre com mais facilidade se forem consideradas as condições internas do aprendiz e forem criadas condições externas, ambientais, favoráveis;
- requer a estruturação lógica das partes que devem ser compreendidas e relacionadas;
- requer conteúdos significativos em suas diversas ordens, opondo-se à aprendizagem de conteúdos irrelevantes;
- deve enfocar não somente os produtos, mas também os processos;
- deve ser um processo que permita a resolução de problemas pelo aprendiz, dando-lhe possibilidade de maior autonomia intelectual.

No processo de capacitação foram discutidas algumas concepções de Paulo Freire (1999), pelas quais a aprendizagem deve se dar com participação do aprendiz por meio do diálogo. Essas considerações eram feitas no sentido de expressar um ponto de vista de que, em qualquer metodologia de ensino-aprendizagem adotada, é preciso atentar para princípios de participação e de responsabilidade comuns.

Para estimular um papel ativo do docente em orientar e ter responsabilidade na autonomia dos alunos, o texto "O menininho" foi um dos preferidos dos educadores do Senai.

> *O menininho*
>
> Fonte: Adaptação do poema "The little boy", de Helen Elizabeth Buckley, feita por autor desconhecido.
>
> Era uma vez um menino. Ele era bastante pequeno e estudava numa grande escola. Mas quando o menininho descobriu que podia ir à escola e, caminhando, passar através da porta, ficou feliz. E a escola não parecia mais tão grande quanto antes.
>
> Certa manhã, quando o menininho estava na aula, a professora disse:
> – Hoje faremos um desenho.
>
> *(continua)*

— Que bom! – pensou o menino. Ele gostava de fazer desenhos. Podia fazê-los de todos os tipos: lobos, tigres, galinhas, vacas, barcos e trens. Pegou então sua caixa de lápis e começou a desenhar. Mas a professora disse:

— Esperem. Ainda não é hora de começar.

E ele esperou até que todos estivessem prontos.

— Agora – disse a professora – desenharemos flores.

— Que bom! – pensou o menininho. Ele gostava de desenhar flores. E começou a desenhar flores com seus lápis cor-de-rosa, laranja e azul. Mas a professora disse:

— Esperem. Vou mostrar como fazer. E a flor era vermelha com o caule verde.

— Assim – disse a professora. – Agora vocês podem começar.

Então ele olhou para a sua flor. Ele gostava mais de sua flor, mas não podia dizer nada. Virou o papel e desenhou uma flor igual à da professora. Ela era vermelha com o caule verde.

Num outro dia, quando o menininho estava em aula ao ar livre, a professora disse:

— Hoje faremos alguma coisa com barro.

— Que bom! – pensou o menininho. Ele gostava de barro.

Ele podia fazer todos os tipos de coisas com barro: elefantes, camundongos, carros e caminhões. Começou a juntar e a amassar a sua bola de barro. Mas a professora disse:

— Agora faremos um prato.

— Que bom! – pensou o menino. Ele gostava de fazer pratos de todas as formas e tamanhos. A professora disse:

— Esperem. Vou mostrar como se faz. E ela mostrou a todos como fazer um prato fundo. Assim – disse a professora. – Podem começar agora.

O menininho olhou para o prato da professora. Então olhou para seu próprio prato. Ele gostava mais de seu prato do que do da professora. Mas não podia dizer isso. Amassou o seu barro numa bola novamente e fez um prato igual ao da professora. Era um prato fundo. E, muito cedo, o menininho aprendeu a esperar e a olhar e a fazer as coisas exatamente como a professora fazia.

E, muito cedo, ele não fazia mais as coisas por si mesmo.

Então, aconteceu que o menino e sua família mudaram-se para outra casa, em outra cidade, e o menininho teve que ir para outra escola.

No primeiro dia ele estava lá. A professora disse:
— Hoje faremos um desenho.
— Que bom! — pensou o menininho. E ele esperou que a professora dissesse o que fazer.
Mas a professora não disse. Ela apenas andava na sala. Então, veio até ele e falou:
— Você não quer desenhar?
— Sim, disse o menininho, o que é que nós vamos fazer?
— Eu não sei, até que você o faça – disse a professora.
— Como eu posso fazer? – perguntou o menininho.
— Da maneira que você gostar – respondeu a professora.
— De que cor? – perguntou o menininho.
— Se todos fizerem o mesmo desenho e usarem as mesmas cores, como eu posso saber quem fez o que e qual o desenho de cada um? – perguntou a professora.
— Eu não sei – disse o menininho.
E ele começou a desenhar uma flor vermelha com caule verde.

As relações entre planejamento de ensino e avaliação

Proporcionar uma visão sistêmica foi uma das metas do processo de capacitação. Acreditava-se que era importante perceber um todo não como a soma de partes, mas como um conjunto de relações que deveriam ser compreendidas por meio de análise e síntese.

Foi assim que se procurou discutir as relações entre os diferentes níveis de planejamento e avaliação (Figura 7).

O planejamento educacional diz respeito aos objetivos da instituição como um todo, analisados à luz das diferentes variáveis sociais, econômicas, políticas etc. No Senai, o planejamento educacional era mostrado como de responsabilidade do Departamento Regional, com decisões previstas para todas as unidades de formação profissional a ele pertencentes.

FIGURA 7 – *Níveis de planejamento de ensino e avaliação da aprendizagem*

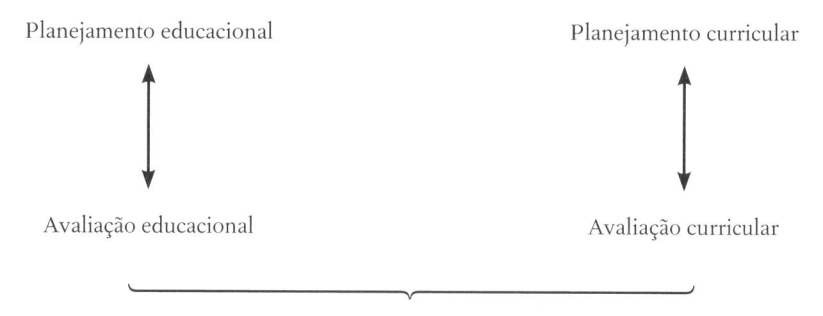

```
Planejamento educacional                    Planejamento curricular
         ↕                                           ↕
Avaliação educacional                       Avaliação curricular
                    ⎵⎵⎵⎵⎵⎵⎵⎵⎵⎵⎵⎵⎵⎵⎵⎵
         Planejamento de ensino e avaliação da aprendizagem
```

O planejamento curricular deveria se pautar no planejamento educacional e se relaciona com a totalidade das experiências promovidas pela escola, de tal maneira que favoreça ao máximo o processo de ensino-aprendizagem. No SENAI, o planejamento curricular era de responsabilidade da Divisão de Currículos e Programas, com assessoria dos técnicos das escolas.

O planejamento de ensino deveria se pautar nos dois outros níveis de planejamento (educacional e curricular). Compreende as ações dos docentes com relação ao processo de ensino-aprendizagem.

No SENAI, o planejamento de ensino era de responsabilidade dos docentes, devendo ser apoiados pela equipe escolar.

Considerando que os três níveis de planejamento deveriam estar perfeitamente integrados para possibilitar o cumprimento dos objetivos finais, ficava claro o valor da avaliação como fornecedora de informações para decisões de ação.

Por essa razão, os níveis de avaliação acompanham os de planejamento, ou seja:

- Educacional.
- Curricular.
- Aprendizagem.

A avaliação educacional é voltada para a análise do alcance dos objetivos da instituição, tendo em vista não só as ações internas mas, principalmente, as externas, de impacto na comunidade.

A avaliação curricular consistia na análise da efetividade das experiências previstas pela escola e verificava aspectos como adequação dos planos e programas de ensino, material instrucional, desempenho dos docentes e desempenho da equipe escolar.

Finalmente, a avaliação da aprendizagem deveria analisar os resultados do desempenho do aluno em conhecimentos, habilidades e atitudes desenvolvidos no processo de ensino-aprendizagem.

O Peare defendia, então, a ideia de avaliação como inseparável da ideia de planejamento. Procurava, igualmente, mostrar que o planejamento de ensino não deveria ser encarado como um plano elaborado exclusivamente para fins burocráticos de controle.

O papel do planejamento de ensino

Na promoção da aprendizagem, o planejamento era defendido como aquele que permitiria ao docente refletir e decidir sobre as ações mais indicadas para o alcance dos objetivos finais. O planejamento de ensino, compreendido como atividade de reflexão, resultaria na tomada de decisões curriculares e de ensino em sala de aula para subsidiar a avaliação.

Para melhor planejar, o docente deveria contar com o conhecimento de aspectos psicológicos que auxiliassem a aprendizagem, fundamentos de teorias de aprendizagem e características gerais da faixa etária com a qual estaria trabalhando.

O docente deveria buscar, também, aspectos mais específicos ligados à realidade em que iria trabalhar, identificando características, expectativas, ideias e valores dos alunos e da comunidade, além de características e expectativas da escola.

Enriquecendo o planejamento, como momento de reflexão, alguns fatores deveriam ser analisados:

- coerência com as diretrizes previstas nos planejamentos educacional e curricular;
- vantagens e desvantagens de determinadas alternativas de decisão;
- diferenças entre o que se pretendeu e o que se alcançou;
- facilitação do trabalho do docente e da equipe escolar.

Era preciso reafirmar, igualmente, que o planejamento de ensino cumpriria seu papel de motivador do docente na medida em que:

- garantisse uma sequência lógica dos objetivos e conteúdos;
- proporcionasse segurança ao docente com relação ao desenvolvimento do curso;
- possibilitasse bom aproveitamento do tempo;
- proporcionasse uma visão completa do que seria desenvolvido com indicações dos momentos de avaliação e recuperação.

O papel da avaliação

Com relação à avaliação, o grande desafio, na época, era mostrar que ela deveria ir além da ideia de medir os resultados da aprendizagem e expressá-los em uma nota, fosse ela número, letra ou palavras.

Refletíamos que avaliar estava gradativamente perdendo o antigo conceito de simplesmente "medir" e ganhando mais amplitude ao utilizar, além de descrições quantitativas, interpretações qualitativas, nas quais se incluem julgamento de valor e apreciação de mérito, durante todo o processo de ensino-aprendizagem, e não somente ao seu final.

Todos os componentes importantes da avaliação eram estudados: critérios e indicadores, instrumentos de avaliação, ponderação de níveis de desempenho, formas de disseminação dos resultados, estratégias de recuperação e atribuição de uma nota.

Contava-se que a avaliação, como qualquer outro conceito, teve uma evolução histórica e que na antiguidade a vinculação do ato de avaliar com o de aplicar provas era comum. Tanto que a avaliação nem recebia esse nome, mas era chamada de docimologia. Na década de 1920, não se usava a palavra avaliação para o rendimento escolar, mas sim o termo docimologia, que, segundo Landshere (1976), é a ciência do estudo sistemático dos exames, em particular do sistema de atribuição de notas, porque *dokimé* é uma palavra grega que indica nota.

Com o tempo, a avaliação foi ganhando maior amplitude.

Em síntese, o processo de capacitação buscou mostrar algumas relações fundamentais não somente técnicas, mas humanas: (a) relação do trabalho com a valorização e a autoestima do trabalhador, (b) coerência entre conceito de formação profissional e conceito de aprendizagem, (c) relação entre conceito de aprendizagem e propósitos curriculares, (d) coerência entre propósitos curriculares e papel do docente e do aluno no processo de ensino-aprendizagem, (e) relação entre papel do docente e formas de capacitá-lo, (f) coerência entre diretrizes de planejamento de ensino e avaliação da aprendizagem e conceito de formação profissional e (g) relação entre processo de ensino-aprendizagem e atuação da instituição na sociedade.

Segundo os assistentes de direção e instrutores-chefes, essas discussões eram estendidas nos horários de almoço e jantar e até altas horas da noite em alguns casos.

Ainda hoje, quando visito o Senai, alguns diretores de departamentos, que foram docentes na época da implantação do Peare, lembram-se saudosos do que foi chamado um movimento de renovação do processo de ensino-aprendizagem.

CAPÍTULO V

Antes de implantar, avaliar – o estudo de caso do PEARE

> *O saber que não vem da experiência não é realmente saber.*
> LEV VYGOTSKY

Ainda com base na premissa de participação das escolas na construção do PEARE, decidiu-se, antes de implantá-lo em larga escala, realizar uma avaliação criteriosa a partir de uma aplicação experimental, que recebeu o nome de estudo de caso.

Para Lüdke e André (1986), o estudo de caso é uma estratégia de pesquisa simples e específica ou complexa e abstrata e deve ser sempre bem delimitada, uma vez que visa a descrever com profundidade os aspectos de interesse da análise.

Na pesquisa, os estudos de caso mais comuns são os que têm o foco em uma unidade – um docente, uma escola, uma comunidade ou múltiplo, nos quais vários estudos são conduzidos simultaneamente: vários docentes, várias escolas, como no caso do PEARE.

O estudo de caso foi realizado em dez escolas com o acompanhamento sistemático das vivências de 255 profissionais. Um levantamento de opiniões dos alunos (total de 158) que passaram por essa fase experimental do PEARE também foi realizado.

A dinâmica da experimentação consistia na visita contínua da equipe do PEARE às escolas, em uma espécie de capacitação em serviço: esclarecimento da metodologia, reflexão sobre exemplos criados pelos docentes, dificuldades encontradas, elucidação de dúvidas etc.

Esse estudo múltiplo possibilitou a indicação de fatores impulsores e restritivos, bem como o levantamento de condições indispensáveis para um bom trabalho didático-pedagógico.

Os fatores impulsores mais citados foram:

a) Importância da pesquisa no tocante à oportunidade de estimular reflexão da filosofia do Senai e de incentivar a discussão sobre objetivos, conteúdos, estratégias de ensino, critérios de avaliação.
b) Oportunidade de integrar as equipes de administração central com as equipes escolares.
c) Identificação de necessidades que motivam a busca conjunta de soluções.
d) Possibilidade de uma nova postura quanto ao papel do docente e à avaliação de seu desempenho, buscando cobrar dele não a quantidade de planos formais redigidos, mas o processo de repensar, sugerir e agir no sentido de melhorar o ensino.
e) Possibilidade de o docente se sentir membro ativo do processo de ensino, podendo externar opiniões, agir e se sentir responsável pelo que desenvolver.
f) Possibilidade de valorizar, junto ao aluno, o processo de aprender mais do que a busca da nota final.

Em síntese, o que se percebeu é que a reflexão e a busca de ações, em conjunto, animaram os docentes e técnicos para a melhoria de seu trabalho com os alunos. Entretanto, apesar dos fatores positivos, verificou-se que existem fatores restritivos ao desenvolvimento das ideias de ensino e avaliação, destacando-se como fundamentais:

- O tempo para o docente planejar, avaliar, replanejar e recuperar a aprendizagem.
- A capacitação da equipe escolar como um todo.
- Explicação da filosofia educacional da instituição.

Quanto ao tempo, constatou-se que os docentes da parte comum, muitas vezes, não podiam replanejar ações durante o período letivo e que eles corrigiam suas provas em casa ou na própria classe, prejudicando o desenvolvimento de outras atividades. Com os docentes da parte diversificada também se constatou que necessitavam de tempo para planejar e avaliar o ensino e, ainda mais, careciam de capacitação efetiva em serviço para o desenvolvimento desses processos, uma vez que não tinham uma vivência pedagógica ativa em virtude de o material a eles destinado já estar todo elaborado.

Quanto à filosofia educacional, os docentes refletiram que o problema maior residia na sua difusão pelas escolas e na busca de ações concretas que a efetivassem. A conclusão é que essa filosofia encontrava-se veiculada nos diversos documentos da instituição e, à medida que todos a identificassem, poderiam ser criadas mais estratégias para sua concretização na realidade das escolas.

O estudo de caso também apontou a necessidade de que as escolas discutissem em conjunto essa filosofia e formas de sua concretização. Afinal, as escolas não deveriam adotar atitudes competitivas entre si, mas considerar que todas faziam parte de um todo: o Senai.

Em termos específicos das diretrizes e sugestões de sua operacionalização, o tema mais polêmico foi o da nota relativa à recuperação. Como já mencionado na página 69, a nota atribuída ao aluno na unidade de estudo, depois do processo de recuperação, deveria expressar a porcentagem de objetivos alcançados, substituindo a anterior. Por exemplo, um aluno que antes teve 40% de alcance de objetivos, se na recuperação alcançasse 70% de objetivos, ficaria com essa última nota.

No início, muitos assistentes de direção, instrutores-chefes e docentes das disciplinas e ocupações eram contra esse procedimento. Achavam que a nota deveria ser uma média obtida entre a nota antes do processo de recuperação e a nota obtida depois desse processo, conforme os depoimentos a seguir.

"O aluno vai se acostumar a essa moleza, vai faltar no dia de prova da unidade e só fará a recuperação", diziam algumas pessoas.

"Mas deve ficar claro o critério de que isso não pode ocorrer, como o aluno vai fazer a recuperação sem ter feito avaliação da unidade?", diziam os membros da equipe do Peare.

A ideia era mostrar que os alunos deveriam ser recompensados por seu estudo e esforço para melhorar o que se refletia na maioria dos casos, mas não foi nada fácil algumas escolas aceitarem essa diretriz no começo.

Com as inúmeras reflexões feitas ao longo do processo, houve um aumento de adesões a essa ideia, mas sabemos que docentes não ficaram convencidos dessa função educacional da nota de estimular os esforços dos alunos. O que ocorreu, também, é que muitos alunos que não precisariam ir para a recuperação, mas se sentiram motivados a melhorar seus desempenhos, desejavam passar pelo processo de recuperação e isso aumentava realmente o trabalho do docente.

Os alunos das escolas do estudo de caso do Peare foram entrevistados ou responderam a questionários que indicaram à equipe como eles reagiram às modificações na avaliação.

Os alunos apontaram que, depois do Peare, as finalidades da avaliação ficaram distribuídas como apresenta a Tabela 1.

Tabela 1 – *Finalidades da avaliação da aprendizagem*

FINALIDADES	N	%
Indica em que assuntos e operações você deve melhorar	144	91
Serve para seus pais ou responsáveis saberem como você vai na escola	68	43
Mostra se você vai ser aprovado ou reprovado	44	28
(Outras)	21	7
Diz quanto você sabe mais que seus colegas	7	4

Fonte: Peare.

Como se pode observar, a maioria das respostas (91%) mostrava a avaliação como orientadora dos alunos, indicando-lhes em que assuntos e operações deveriam melhorar. Essa afirmativa se harmonizava com inúmeras opiniões manifestadas pelos alunos nas questões abertas do questionário, entre as quais selecionamos algumas das mais representativas:

"A avaliação faz com que os alunos se preocupem mais com a matéria, estudem mais."

"Força os alunos a não faltarem às aulas, a terem mais disciplina."

"Obriga o aluno a prestar atenção e a ter certeza do que aprendeu."

"Faz o aluno pensar mais e chegar a conhecimentos mais profundos."

"Força os alunos a respeitarem colegas e funcionários da escola."

Chamam a nossa atenção, nessas opiniões, as palavras *força* e *obriga*, que pareciam traduzir mais uma ideia de controle do que propriamente de orientação para a melhoria. Entretanto, se forem analisadas as sensações mais frequentes dos alunos (Tabela 2) na ocasião das avaliações, novamente aparece a ideia de auxílio prestado pela avaliação. Note-se que 73% das respostas indicam a sensação de tranquilidade diante das avaliações, uma vez que elas eram feitas para ajudar, e não para prejudicar.

TABELA 2 – *Sensações mais constantes durante as avaliações*

SENSAÇÕES	N	%
Tranquilo, porque a avaliação é feita para ajudar e não para prejudicar	145	73
Confiante, porque sabe executar as operações da tarefa	42	26
(Outras)	27	17
Confiante, porque sabe exatamente o que o professor vai avaliar	19	12
Nervoso, porque não sabe executar as operações da tarefa	18	11
Indiferente, porque a avaliação não mostra o que uma pessoa sabe	14	9

Fonte: PEARE.

Percebe-se que as respostas se concentraram nas sensações de tranquilidade e confiança. Poucas respostas (11% e 9%) indicam sensações de nervosismo ou indiferença na avaliação por parte dos alunos.

De acordo com o ponto de vista dos alunos, as finalidades da avaliação para o professor também parecem ser as de orientação, mas também de controle.

As respostas abertas ao questionário nos oferecem uma visão do que os alunos pensavam.

A avaliação diz aos professores se os alunos entenderam o que eles ensinaram; informam quais são os alunos capazes: diz quem sabe e quem não sabe a matéria; informa quem falta às aulas, quem não respeita os colegas, quem é obediente e preguiçoso, quem tem vontade ou não de aprender. A avaliação ajuda o professor a reforçar os assuntos nos quais os alunos tiveram maior dificuldade; a melhorar suas demonstrações das tarefas; a melhorar suas explicações; a mudar sua maneira de ensinar. A avaliação serve para o professor verificar se o aluno está fazendo o curso e se o aluno está sendo prejudicado por outro colega.

Preocupada com a finalidade que deveria prevalecer na avaliação, a de orientação, a equipe do PEARE analisou as opiniões dos alunos sobre as ações dos docentes antes das oportunidades mais formais de avaliação e as ações mais comuns na disseminação dos resultados (Tabelas 3 e 4).

TABELA 3 – *Ações dos docentes antes da avaliação*

AÇÕES	N	%
Pede que você tenha tudo à mão para executar a tarefa	107	68
Separa os alunos para eles não colarem	98	62
Explica os assuntos que vão cair na prova ou na execução da tarefa	91	57
Fala que ninguém pode perguntar nada durante a prova	80	51
Explica como a prova ou tarefa vai ser avaliada	80	51
Fica mais sério que nos outros dias	49	21
Explica a matéria para os alunos mais fracos	37	23
(Outras)	14	9

Fonte: PEARE.

Tabela 4 – *Ações dos docentes depois da avaliação*

Ações	N	%
Discute os resultados da avaliação com todos os alunos	108	68
Explica para os alunos mais fracos o que eles erraram	76	48
Chama os alunos para corrigir o que eles erraram	56	35
Incentiva você a fazer autoavaliação de seu desempenho	38	24
Compara as notas dos alunos, elogiando os que foram bem	25	16
(Outras)	25	16

Fonte: Peare.

Ainda que perdurassem ações anteriores à avaliação, como "fala que ninguém pode perguntar nada durante a prova, fica mais sério que nos outros dias, separa os alunos para eles não colarem", as atividades pós-avaliação aproximavam-se muito do que era contemplado nas diretrizes. As ações dos professores depois da avaliação parecem corresponder a muita orientação. Note-se que 68% das respostas indicam a discussão conjunta, de que participam tanto os alunos como os professores, sobre os resultados obtidos. Reforça essa opinião a escolha razoável das duas alternativas: "Explica para os alunos mais fracos o que eles erraram" (48%) e "Chama os alunos para corrigir o que eles erraram" (35%). Algumas frases dos alunos elucidam essa escolha:

"Os professores quase sempre fazem uma revisão final para a gente tirar dúvidas."

"Os professores ajudam os alunos mais fracos que têm muita dificuldade."

Outra curiosidade era saber se estava havendo um movimento de maior interação entre os docentes e alunos, uma certa negociação dos critérios, e uma pergunta foi feita: o que os docentes fazem se os alunos reclamam das notas?

A Tabela 5 nos dá uma perspectiva otimista do que o Peare conseguiu nas escolas.

TABELA 5 – *Ações dos docentes após reclamação sobre as notas*

Ações	N	%
Olha de novo a execução da tarefa	87	55
Corrige de novo a prova	86	54
Limita-se a olhar a prova e não muda	21	13
(Outras)	20	13

Fonte: PEARE

A análise das respostas abertas mostra outras ações que complementam a correção realizada pelos docentes: dar conselhos para os alunos estudarem, discutir os assuntos que eles não aprenderam e marcar recuperações.

Houve também interesse em saber como os professores chegam aos resultados da avaliação, ou seja, que instrumentos de coleta usavam.

A Tabela 6 mostra as formas mais constantes de os professores avaliarem seus alunos.

TABELA 6 – *Formas de avaliar utilizadas pelos docentes*

Formas de avaliar	N	%
Provas, testes	133	84
Observação de como faz a tarefa	115	73
Questionários	69	44
Trabalhos em grupo	38	24
Conversas	34	21
Perguntas orais sobre diversos assuntos	31	19
Trabalhos individuais de pesquisa	22	14
Conclusão sobre ensaios em laboratórios	21	13
(Outras)	21	13

Fonte: PEARE.

As formas de avaliação mais indicadas foram as provas e testes, e a observação de como o aluno faz a tarefa. As primeiras, utilizadas mais frequentemente nas disciplinas da parte comum, e a segunda, nas ocupações da parte diversificada. Outras formas, apesar de menos indicadas, pareciam demonstrar que os professores as utilizavam em suas avaliações, imprimindo diversidade ao ato avaliativo. Algumas das formas citadas foram: debates, exercícios e atividades diversas em sala de aula.

O aspecto mais citado pelos alunos foi o da disciplina. Como a resposta se referia tanto à disciplina na sala de aula como à disciplina na oficina, era preciso considerá-la nessas duas dimensões. Por meio de observações nas escolas, verificou-se que os docentes da parte comum cuidavam da disciplina no seu conceito tradicional de não conversar, de prestar atenção à aula, de manter-se em ordem. Já na parte diversificada, a disciplina era vista como fator indispensável à realização da tarefa, pois sem ela poderiam ocorrer acidentes de trabalho.

Outros aspectos frequentemente citados pelos alunos da parte diversificada foram: conhecimentos sobre os assuntos, cuidado com os equipamentos, limpeza do material e respeito para com colegas e funcionários.

O sistema eleito por mais da metade dos alunos (56%) foi o da nota expressa em números. As justificativas apontadas mais frequentemente (acima de 50% de indicações) foram:

- O número indica melhor do que a menção, ou letra, a posição em que o aluno se encontra. A menção é injusta, pois atribui uma mesma letra a alunos com notas diferentes.
- Com a nota sob a forma numérica, é possível tirar uma média.
- A nota em número é mais objetiva, precisa, mais fácil de ser interpretada; dá uma ideia mais verdadeira do que o aluno sabe; é mais fácil de ser entendida pelos pais.

Depois do estudo de caso, foram tomadas todas as providências para a implantação.

CAPÍTULO VI

O Peare visita o presente – uma entrevista fictícia

....

Lembro-me do passado, não com melancolia ou saudade, mas com a sabedoria da maturidade que me faz projetar no presente aquilo que, sendo belo, não se perdeu.
Lya Luft

E se o Peare fosse implantado hoje? Quais transformações sofreria? Que concepções de planejamento e avaliação manteria? O que mudou?
Simulo uma entrevista para responder a algumas dessas questões.
A entrevista assim transcorre:

Léa – *Primeiramente, gostaria de lhe agradecer a visita. Você sabe que inspirou muita gente para aprofundar os estudos na área da Educação. Conheci muitos docentes que foram cursar Pedagogia, Psicologia... Outros seguiram cursos de mestrado depois de conhecerem você. Eu mesma desenvolvi minha tese de doutorado na Universidade de São Paulo baseada nas concepções e práticas que fundamentaram sua trajetória no Senai. O que você acha desse seu papel inspirador?*

Peare – Fico feliz ao ouvir isso, pois minha intenção era realmente não me transformar em normas burocráticas da instituição, eu queria dar vida às concepções de planejamento de ensino e avaliação da aprendizagem.

Acho que ficou claro para os docentes do SENAI que planejar é a ação de pensar nos objetivos, conteúdos, estratégias, formas de avaliação, enfim, responsabilizar-se pelo projeto pedagógico, não cerceando suas ações, mas expressando a intencionalidade do ato de educar. Perceberam também, em sua maioria, que esse "pensar" deveria ser registrado em um documento "plano", uma importante ferramenta de comunicação na escola.

Quanto à avaliação do rendimento escolar, algumas evidências me mostram que houve uma ampliação no seu conceito: de sinônimo de provas e atribuição de notas, passou a significar a análise do processo de ensino-aprendizagem para subsidiar melhorias em seus múltiplos componentes: currículos, desempenhos dos alunos e docentes, condições de trabalho na escola, estratégias de ensino e as próprias formas de avaliação.

No SENAI, principalmente na parte diversificada, houve iniciativas que hoje ainda são consideradas exitosas. Por exemplo, os docentes das ocupações aplicavam princípios de avaliação formativa, de processo, evitando que os problemas de aprendizagem se acumulassem e interferissem negativamente na formação dos alunos. Quantas vezes presenciei os docentes dialogando com seus alunos sobre a qualidade da montagem de um circuito elétrico, sobre a adequação das cores da impressão ofsete, da precisão da medida nas peças produzidas.

E esse diálogo era estendido ao aluno, no sentido de que ele se autoavaliasse, visando ao desenvolvimento de atitudes de responsabilidade de um futuro profissional.

Acho que naquela época já estávamos acenando para um conceito de avaliação defendido nos dias de hoje: o da metacognição e o da autorregulação.

A palavra *metacognição* é formada pelo prefixo grego *meta*, que significa mudança, transformação, sucessão, posterioridade; e *cognição*, que quer dizer conhecimento. A cognição refere-se a qualquer operação mental, como percepção, atenção e compreensão da leitura, da escrita, entre outras.

A metacognição tem relação intrínseca com a filosofia, que define a consciência como a capacidade de reflexão, de desdobramento do sujeito, fundamentando-o como sujeito epistemológico que é construtor, e não mero consumidor de conhecimentos.

Pela metacognição, a avaliação torna-se dinâmica, e não estática. Na avaliação estática, o professor apresenta várias tarefas para o aluno, observa e registra os resultados de seus desempenhos. A interação entre o professor e o aluno é muito reduzida. A intenção é a busca da neutralidade, de modo a obter resultados que sejam os mais objetivos possíveis. Na avaliação dinâmica, há uma profunda interação entre o professor e o aluno, uma vez que o foco são os processos de pensar, de modo a fornecer informações sobre as estratégias de intervenção a serem usadas.

Baker (apud Burón Orejas, 2000, p. 19) confirma a importância da autorregulação na metacognição, dizendo que não basta que o aluno se dê conta daquilo que não entende: precisa conhecer quais estratégias deve usar para entender. Para isso, deve aprender a aprender, refletindo sobre seus próprios processos de pensar, e deduzir, por si mesmo, que estratégias são mais eficazes para um determinado problema. Só assim será metacognitivamente autônomo.

Léa – *Você falou muito dos docentes da parte diversificada. E os docentes das disciplinas da parte comum?*

Peare – Sim, acho que pelo fato de, na época, existir uma certa preocupação com a aplicação das diretrizes por parte dos docentes da parte diversificada e isso ter sido completamente desmentido. Sem ou com pouca formação em aspectos didático-pedagógicos, foram eles que me impressionaram com sua motivação e ações.

Mas a maioria dos docentes da parte comum também se envolveu no Peare. Alguns deles tiveram dificuldades em aceitar que os alunos conhecessem os critérios de avaliação logo no início de uma unidade de ensino. Pouco a pouco esses docentes foram percebendo que, com as "regras do jogo" explícitas, havia maior participação do aluno em sua aprendizagem e, paralelamente, atitudes de negociação consolidavam-se em sua formação.

Léa – *E com relação à interação entre teoria e prática na formação do aluno, o que você acha que trouxe de bom?*

Peare – A integração da teoria com a prática na educação profissional sempre foi um fator polêmico. Precisaríamos voltar no tempo para analisar a dicotomia que se foi criando entre o manual e o intelectual. Essa separação vem de longa data, mais precisamente da Grécia Antiga. O pensamento grego distinguia a teoria da prática. A teoria era sinônimo de atividade contemplativa e era própria dos intelectuais; a prática era sinônimo de ação e cabia aos escravos.

De amada e valorizada pela filosofia clássica grega, a teoria passou, na luta pelo capital, a ser encarada como entrave ao prático, constituindo-se num perigo para uma sociedade que ansiava por resultados imediatos e na qual só deveria ser produzido o que seria utilizado.

Na formação do trabalhador, essa dicotomia sempre se desenrolou numa teia de controvérsias: de um lado aqueles que defendiam que todos os trabalhadores fossem educados de modo integral e, de outro, os que temiam essa educação, uma vez que ela poderia prejudicar a manipulação dos mesmos. Arroyo (1987) mostra essa luta como parte de um problema maior. Segundo ele, ao longo de nossa formação social, os conflitos pela educação entre elite-massas, Estado-povo, burguesia-proletariado passaram basicamente pela negação-afirmação do saber, da identidade cultural, da educação e formação de classe.

Assim, não se pode negar o preconceito que essas instituições de educação profissional sofreram ao longo do tempo, uma vez que ficaram responsáveis por oferecer uma formação adequada aos filhos de operários, aos carentes, enfim, àqueles que não eram vistos como pessoas capazes de continuar seus estudos, mas sim como mão de obra qualificada emergente para o mercado de trabalho.

Barato (1998) alerta que essa dicotomia extremamente equivocada nos meios educacionais ainda existe, apesar da evolução dos tempos.

O Peare visita o presente – uma entrevista fictícia

A teoria é vista como mero conhecimento e a prática como mera decorrência do saber técnico. Para ele, a ausência de avanços na direção de uma pedagogia mais apropriada à educação profissional não é estranha. A marginalidade do ensino profissionalizante continua. Afinal, é impossível articular teoria e prática se as conotações desses termos não forem superadas no âmbito pedagógico. Em outras palavras, sem uma crítica radical dos significados da teoria e da prática é vã a tarefa de querer encontrar meios de articulação entre o saber e o fazer.

Léa – *Você acha que a abordagem de competências integra as dimensões teoria e prática?*

Peare – Depende do que se concebe por competências. Vejo que, quando eu falava de integrar conhecimentos, habilidades e atitudes, já estava, de certa maneira, falando da necessidade de o aluno ser visto em suas diversas esferas de formação. Acontece que isso é pouco para que se consiga trabalhar com competências.

Creio que o conceito de competências, apesar de polissêmico, tem um referencial que se explicita: o da mobilização de diversos saberes.

Delors (1996) nos indica quais são alguns desses saberes: aprender a conhecer, aprender a fazer, aprender a ser e aprender a conviver.

- *Aprender a conhecer* – supõe, antes de tudo, aprender a aprender, exercitando a atenção, a memória e o pensamento. Deve-se aprender a prestar atenção aos fenômenos e às pessoas que nos cercam, enfim, perceber o mundo. Essa aprendizagem pode ser utilizada de formas diversas e aproveitar as várias experiências da vida. Nessa perspectiva, o processo de aprendizagem do conhecimento nunca está acabado, pode ser enriquecido com qualquer experiência e em qualquer período de tempo.
- *Aprender a fazer* – é indissociável do aprender a conhecer. Esse tipo de aprendizagem está mais estreitamente relacionado à questão da educação profissional, mas também exige um repensar em termos de educação básica: mobilizar o que está sendo aprendido. Assim,

quando se ensina um determinado vocabulário a alguém, é claro que há uma expectativa de que os termos aprendidos sejam utilizados. Essa aprendizagem, porém, não é estrutural. Ela só ocorre quando a pessoa realmente usa as palavras aprendidas, construindo sua linguagem, modificando sua forma de pensar e de se expressar.

- *Aprender a ser* – visa à humanização das pessoas, explicitando a necessidade da dimensão ética, em suas múltiplas facetas: responsabilidade, respeito ao outro, cooperação, solidariedade. Alia-se ao aprender a conhecer e ao aprender a fazer, permeando-os com atitudes, valores e capacidades que tornam uma pessoa mais competente, não só profissionalmente, mas para a vida em sociedade.
- *Aprender a conviver* – enfatiza as formas necessárias para um ambiente de trabalho e da sociedade no qual vigore a paz, a melhoria das relações pessoais, enfim, a construção de um mundo melhor. O aprender a conviver é um ato civilizatório, que leva à necessidade de conhecer e respeitar plenamente o outro. Como nos mostra Delors (1996), isso implica respeito às diversas culturas e tradições, como condição fundamental para que as pessoas possam viver juntas.

Contudo, na prática, vejo algumas instituições elaborando desenfreadamente mais listas e listas de ações do fazer do que realmente competências.

Léa – *Você poderia explicar um pouco melhor essa sua afirmação?*
Peare – Para mim, cada profissão tem sua natureza, o que caracteriza sua construção histórica no mundo. É dessa análise que se desvelam quais as práticas, os conhecimentos e as atitudes que qualificam um profissional como competente.

Na área da saúde, por exemplo, são fundamentais os conhecimentos sobre como administrar medicamentos, mas o saber-agir diante de diferentes situações, em virtude da natureza do trabalho, que é a do princípio norteador do cuidado, amplia a concepção de competência, que deve se afastar de uma simples lista de ações técnicas. Envolve, pois, atitudes de respeito ao usuário e responsabilização que imprimam ética ao trabalho.

Acho que uma história pode exemplificar o que digo.

Uma enfermeira deparou com a negativa de um senhor com mal de Hansen para tomar um remédio apropriado à sua doença. Esse senhor dizia que não precisava tomar o medicamento, uma vez que Deus iria curá-lo. A enfermeira, preocupada com o estado de saúde do homem, que piorava a cada dia, pensou muito e achou uma solução interessante. Disse ao enfermo que também acreditava na cura do poder divino, mas que ele a visse como uma mensageira de Deus, alguém que poderia oferecer algo que minimizasse suas dores. Nenhuma palavra a mais foi necessária; o senhor tomou prontamente o remédio. Essa profissional mobilizou saberes (conhecimentos sobre o medicamento, sobre a doença, sobre as características do enfermo), o saber-fazer (administração do medicamento) e, principalmente, o saber-ser (atitudes de respeito, mas de intervenção para a melhoria).

Outros casos reais mostram que a mobilização das competências enfrenta um caráter dual: o profissional e aqueles que serão o "outro". Isso exige análise sob diferentes perspectivas. Não são raros os casos de pessoas que são competentes, mas que encontram pessoas com as quais vão trabalhar ou atender que não respeitam o que o profissional propõe.

A análise da profissão em sua natureza contextualiza as competências não com relação a um ofício, mas com relação à uma identidade profissional.

Le Boterf (2003) diz que o ofício é aquele que descreve uma série de atividades realizadas em um determinado posto de trabalho; a profissão é constituída por um conjunto de missões, funções e tarefas que o sujeito deve assegurar, não somente em seu emprego, mas em relação a outros atores, a outros empregos e à empresa ou organização em seu conjunto. As tarefas profissionais requeridas não são necessariamente tarefas precisas, particulares; elas se constituem também de papéis e funções almejados. Por isso, uma competência deve ser pensada sempre em uma ótica sociocultural, uma vez que ela não depende unicamente do indivíduo, mas também e principalmente de sua rede de relações pessoais. Le Boterf se refere a isso como saber agir de forma responsável e válida, permitindo mobilizar, integrar e transferir recursos, conhecimentos e capacidades em um contexto social. A profissão é, para ele, uma comunhão de valores e de vida, na qual instâncias legitimadas estabelecem regras e são encarregadas de velar por sua boa aplicação. O que distingue as pessoas no trabalho não são apenas seus conhecimentos, mas sua capacidade de utilizá-los de maneira pertinente em situações diversas.

Educacionalmente, há de se perguntar: quais as bases epistemológicas nas quais as competências estão sendo definidas?

Em abordagens educacionais condutivistas, as competências são vistas como expressão de funções, atividades, conhecimentos específicos. Enfoques utilitaristas das competências podem ser bastante redutores do papel da educação. Sacristán (2011) diz que há o perigo de as competências serem transformadas em instrumentos normativos a partir dos quais se busca a convergência dos sistemas escolares, tornando-as referências para a estruturação dos conteúdos de um currículo globalizado. As competências se transformam em fins, conteúdos-guias para escolher procedimentos de avaliação.

Relembrando a fase da educação na década de 1970, seria mais ou menos como ter um objetivo instrucional que já se afigurava como um item de teste, por exemplo: dados dez nomes de capitais do Brasil, o aluno deverá assinalar com X as que se referem à região Sul.

As competências, em uma abordagem educacional mais ampla, expressam uma gama de saberes diversificados com potencial para concretizá-las. Os currículos são pensados em termos de interdisciplinaridade e de saberes diversos, considerados como recursos cognitivos necessários para o desenvolvimento de competências.

Na educação profissional, com o aumento da complexidade do trabalho, não só em termos de conhecimentos necessários, decorrentes da introdução de novas tecnologias, mas da reformulação das próprias formas de organização pelo qual ele se realiza, o mundo começou a exigir muito mais do que o saber-fazer. É o discurso das competências que desvela a necessidade de outras dimensões de saberes e, sobretudo, de sua mobilização.

Léa – *Como uma tradução pedagógica?*

Peare – Hoje me assusta que a análise das competências venha sendo interpretada com foco na busca de produtos, perfis finais de uma formação, desconsiderando, muitas vezes, a necessidade de realçar o processo educacional relacionado a esses perfis.

Os currículos de educação profissional deveriam desenvolver essas competências profissionais compreendendo-as nas bases educacionais que as sustentam, dando significado ao trabalho a ser desenvolvido.

Léa – *Não entendi. É possível dar um exemplo concreto?*

Peare – No próprio Senai conheci uma experiência muito interessante de tradução pedagógica de competências profissionais em competências educacionais. Essa experiência foi feita em um curso de Costura Industrial, no qual as funções no mercado de trabalho exigiam que a costureira soubesse trabalhar com vários tipos de máquinas, diferentes tipos de tecido e inúmeros tipos de confecção, como camisas, calças e roupas de banho, entre outras.

A equipe responsável por esse projeto criou uma estrutura em que tudo isso era desenvolvido à luz da história, para despertar o significado dos produtos da costura por sua historicidade. A ideia era mostrar que critérios de qualidade de um produto não são aleatórios, pois eles decorrem de sua própria história. Uma camisa, por exemplo, teve diferentes funções através dos tempos. Em uma época bem remota, a camisa era uma peça de roupa mais usada pelas mulheres do que pelos homens. Além de proteger do suor, ajudava a esconder o corpo feminino, salvando-o dos olhares indiscretos e comentários maldosos. A camisa era indispensável também para o banho. Como o banho ainda não era um hábito diário, as pessoas que temiam machucar-se pela esfregação do corpo usavam o tecido da camisa como um anteparo para sua pele. Somente com o tempo é que a camisa foi se exteriorizando. Contudo, a camisa não era igual para todos. A dos nobres possuía mangas largas, bordadas com pedras preciosas e altas golas; a camisa dos pobres era confeccionada com tecidos rústicos e, geralmente, não possuía golas. Com o passar dos anos, as mangas foram se tornando menos sofisticadas e as altas golas foram substituídas por outras de menor porte, enquanto suas funções permaneceram as mesmas. Por exemplo, o poder que as altas golas simbolizavam passou para o colarinho, sobretudo o colarinho branco. Talvez até seja por isso que se criou a expressão "crime do colarinho branco", que significa falcatruas cometidas por pessoas com alto poder econômico. Outro exemplo foi o bolso, que surgiu nas roupas dos empregados que nele carregavam seus instrumentos de trabalho. Atualmente os bolsos, além de terem a função de guardar coisas, servem para proteger as mãos e enfeitar as roupas. Em síntese, a contextualização, nesse curso, foi a de mostrar que as funções das roupas e de suas partes sofrem interferências sociais e culturais, mas sobretudo econômicas. Por exemplo, uma camisa que vai ser vestida por um trabalhador geralmente possui pala dupla. Por quê? Uma das razões parece ser a de que a origem da pala foi a de um instrumento que os escravos colocavam nas costas para carregar peso. É por isso que hoje a pala de uma camisa usada por um trabalhador é dupla, isto é, tem duas partes do tecido para reforçá-la. Com isso, a camisa dura mais e o trabalhador gasta menos (Depresbiteris, 2001).

LÉA – *Desses saberes que Delors propõe, quais, em sua opinião, deveriam ser mais bem trabalhados nas instituições de educação profissional?*
PEARE – Todos evidentemente, pois, como existe uma integração entre eles, não se pode separá-los. Acontece que, na realidade das escolas, o que se percebe é que as atitudes transformaram-se em temas transversais e, nisso, podem perder sua força na educação.
Eu, você deve se lembrar, propunha as atitudes inerentes ao trabalho e às atitudes sociais. Não que elas fossem separadas, mas as rela-

cionadas à natureza do trabalho são tão ligadas às ações realizadas que se constituem em critérios de qualidade.

Voltando à área da saúde, que acho mais compreensível para qualquer pessoa, de que serve um profissional que tenha profundo conhecimento técnico se sua atitude não segue princípios éticos ligados ao sigilo, ao respeito para com o paciente?

Para mim, nos currículos de educação profissional, deveria haver uma tradução pedagógica das funções exercidas pelos profissionais.

Eu evidenciaria, nos currículos de educação profissional, estratégias de desenvolver o saber-ser e o saber-conviver. Sou partidário de que aprendemos atitudes se o ambiente for propício a elas. Matthew Lipman (1995) diz: "você não pode me ensinar a pensar por mim mesmo, porém pode criar um ambiente no qual eu possa descobrir como ensinar a mim mesmo a pensar por mim mesmo".

Léa – *E que atitudes você priorizaria?*

Peare – Todas aquelas que se referem a um trabalho conjunto, cooperativo, solidário, responsável. Em síntese, as atitudes que se efetivam em prol de procedimentos éticos.

Léa – *Você acha que o papel do docente mudou desde a década de 1980 até hoje?*

Peare – Não no que se considera um bom mestre, professor, docente. Ainda acredito nessa figura, mesmo na educação a distância na figura de um tutor competente. Para mim, não se pode negar que o mestre, professor ou docente seja um elemento-chave na organização do ensino e da aprendizagem. É de sua responsabilidade levar o educando ao aprender a aprender, desenvolvendo situações diferenciadas, estimulando o saber-agir, pela articulação entre saberes (conhecimentos), o saber-fazer (práticas) e o saber-ser (atitudes, valores), reafirmando a aprendizagem como uma construção.

Evidentemente, se o contexto se transforma, as exigências para com o docente são outras.

Para Demo (2006, p. 103), a superação da habilidade didática e pedagógica compreende uma reestruturação:

> [...] o que se espera do professor já não se resume ao formato expositivo das aulas, à fluência vernácula, à aparência externa. Precisa centralizar-se na competência estimuladora da pesquisa, incentivando com engenho e arte a gestação de sujeitos críticos e autocríticos, participantes e construtivos.

Nóvoa (2010) afirma que os professores reaparecem, neste início do século XXI, como elementos insubstituíveis não só na promoção das aprendizagens, mas também na construção de processos de inclusão que respondam aos desafios da diversidade e no desenvolvimento de métodos apropriados de utilização das novas tecnologias.

Nesse sentido, o papel do educador é trabalhar com o aluno a questão da possibilidade, da curiosidade. E se há um caminho para fazer isso, é fazer que o mundo real tenha significado para o aluno. O docente deve fazer essa ligação. Para fazer isso, o docente tem que ser ele mesmo um aprendiz (Alves; Dimenstein, 2003, p. 106).

Mas o docente não pode estar sozinho nesse difícil papel. Segundo Hutchings e Huber (apud Nóvoa, 2010):

> [...] têm razão quando referem a importância de reforçar as comunidades de prática, isto é, um espaço conceitual construído por grupos de educadores comprometidos com a pesquisa e a inovação, no qual se discutem ideias sobre o ensino e aprendizagem e se elaboram perspectivas comuns sobre os desafios da formação pessoal, profissional e cívica dos alunos. Por meio dos movimentos pedagógicos ou das comunidades de prática, reforça-se um sentimento de pertença e de identidade profissional que é essencial para que os professores se apropriem dos processos de mudança e os transformem em práticas concretas de intervenção. É esta reflexão coletiva que dá sentido ao seu desenvolvimento profissional.
>
> Sem a necessidade de cooperação, não se desenvolve a ideia de bem comum, fundamental para que os professores estabeleçam uma estreita ligação de interesses e responsabilidades com a escola.

Léa – *O que você gostaria de saber na época e que hoje é fortemente discutido?*

Peare – Além das concepções de competências, eu gostaria muito de ter conhecido a integração crucial entre a razão e o sentir.

Queria ser mais jovem para estudar mais as relações entre neurociência e aprendizagem. Sou adepto do novo conceito de inteligência que hoje se apresenta. Gostaria de ter lido Damásio (1996), que analisa o papel das emoções no funcionamento cognitivo. Em seus estudos e pesquisas com pacientes com lesões cerebrais localizadas na área pré-frontal, que é considerada pelos especialistas como fundamental para o raciocínio, encontrou em todos eles uma importante redução da atividade emocional. Damásio diz, então, que existe uma interação profunda entre razão e emoção. Os poderes da razão e da emoção, para ele, se deterioram juntos. Suas experiências no estudo e tratamento das lesões cerebrais parecem indicar que determinados aspectos do processo de emoção e do sentimento são indispensáveis para a racionalidade. Os mesmos sistemas implicados no raciocínio e na tomada de decisões, no campo pessoal e social, estão, para Damásio, relacionados também com as emoções e sentimentos.

Léa – *Você se arrepende de algo?*

Peare – A palavra arrependimento, que vem do latim *re* + *poenitere*, quer dizer ser presa de pena, sofrimento, pesar. É o ato de quem praticou ou disse algo que preferia não ter feito ou dito.

Não, eu não me arrependo de nada. Pelo contrário, tentei mostrar-me como um projeto educacional que não procurava restringir, mas orientar. Claro que as intenções são interpretadas segundo as percepções de cada um.

Algumas escolas, alguns docentes me entenderam e usam minhas ideias até hoje, outros me encararam como mero documento burocrático.

Avaliar a quantidade de quem fez uma ou outra interpretação exigiria um estudo aprofundado, mas tenho quase certeza de que a maioria preferiu a primeira interpretação.

CAPÍTULO VII

E o futuro?
Considerações finais

Todo amanhã se cria num ontem, através de um hoje [...].
Temos de saber o que fomos, para saber o que seremos.
PAULO FREIRE

Morin (2005) diz que a complexidade do ser humano supõe a imprevisibilidade do futuro e impossibilidade de processos definitivos. Não se pode prever totalmente a evolução de uma situação na qual as pessoas interagem. Reconhecer a complexidade como fundamental em um domínio do conhecimento é defender uma ideia holística da realidade e a impossibilidade de sua redução por decomposição em elementos mais simples.

Mesmo considerando essa imprevisibilidade, creio que alguns princípios filosóficos permanecem como o que denomino de minhas "crenças" educacionais.

Nestes meus longos anos de trabalho com a educação cito algumas delas, às quais permaneço fiel.

Não são crenças fundamentalistas, como mandamentos; aproximam-se mais da ideia de estatutos da utopia de Thiago de Mello (1977), entre os quais cito os meu prediletos:

> Fica decretado que agora vale a verdade. Agora vale a vida, e de mãos dadas, trabalharemos todos pela vida verdadeira.

Fica decretado que o dinheiro não poderá nunca mais comprar o sol das manhãs vindouras. Expulso do grande baú do medo, o dinheiro se transformará em uma espada fraternal para defender o direito de cantar e a festa do dia que chegou.

Minhas crenças dizem respeito a posturas educacionais cabíveis a qualquer tipo de educação, com quaisquer meios, em qualquer lugar, com qualquer pessoa.

Toda pessoa pode aprender, não importam a idade, o sexo, as condições cerebrais, a etnia

Para mim, ontem, hoje e amanhã, o compromisso deveria ser o da "educabilidade". Essa noção designa não só a necessidade de o ser humano receber educação, mas a possibilidade de dela beneficiar-se. Trata-se de uma característica antropológica que nos permite adquirir e capitalizar nossa cultura (Avanzini, 1999).

O diálogo reduz conflitos

A argumentação ajuda no diálogo. Para Machado (2003, p. 15), a confiança na argumentação, no logos, na razão, na construção de acordos por meio do diálogo, do discurso coerente é o antídoto fundamental contra a violência. A eclosão da violência é a falência da palavra. A descrença na força da palavra induz o recurso à força física.

Assim, o uso da argumentação implica que se tenha renunciado a recorrer unicamente à força, que se dê apreço à adesão do interlocutor, obtida graças a uma persuasão racional, que esse não seja tratado como objeto, mas que se apele à liberdade de juízo. O recurso à argumentação supõe o estabelecimento de uma comunidade dos espíritos que, enquanto dura, exclui o uso da violência (Perelman apud Bernardo, 2000, p. 12).

A capacidade de argumentar deve vir acompanhada de procedimentos éticos, de atitudes que fomentem o diálogo, o respeito ao outro. O saber argumentar também diz respeito a ter condições de distinguir a erudição que se apoia no abuso do jargão especializado – *"sociologuês, economês, politiquês"*. É um instrumento verbal de poder. Impressiona, procura não fazer-se entender, alija as pessoas do que deveria ser compreendido (Veríssimo apud Bernardo, 2000).

Quem recusa a necessidade do argumento são o cético e o fanático. Eles ignoram que o processo argumentativo prevê outras opções, novas perspectivas. O cético exige uma argumentação coercitiva, pela qual não pode haver uma outra opção. O fanático adere a uma tese que, mesmo sendo contestada, é considerada por ele a única verdade (Perelman, 1996).

Podemos ser mediadores da aprendizagem na escola, na família e na sociedade

Logo de início, desejo esclarecer que o papel de mediador não deve ser vislumbrado na ideia de um facilitador da aprendizagem, como algumas pessoas o conceituam. O mediador é um elemento ativo, com intencionalidade na busca de autonomia cognitiva e afetiva de uma pessoa.

Neste sentido, Feuerstein (1980) propõe critérios essenciais de mediação para se chegar ao ser aprendente: intencionalidade, reciprocidade, significado e transcendência.

Intencionalidade – Por este critério, o mediador da aprendizagem planeja uma série de ações conscientes, voluntárias e intencionais com a finalidade de levar o mediado a um melhor pensar e agir: perceber com maior atenção, observar com critérios, compreender, associar, analisar, estabelecer relações, argumentar e tomar decisões.

Reciprocidade – A reciprocidade implica troca, permuta. O mediador deve estar aberto para as respostas do mediado e este último deve fornecer indicações de que está cooperando, que se sente envolvido no processo de aprendizagem. A reciprocidade é um caminho que torna explícita uma relação implícita e faz que a ação se torne consciente.

A intencionalidade do mediador exige que ele pense em como obter do mediado a necessária reciprocidade. Uma pessoa recíproca estimula o outro a falar, a contar o que está sentindo, bem como procura entender as razões de seus comportamentos.

O docente deve estar aberto às respostas dos alunos, preparar os melhores materiais, provocar o interesse e a motivação sobre conteúdos diversos, investir tempo na verificação do aprendizado, mostrar satisfação perante as transformações ocorridas. O aluno mostra reciprocidade quando fornece indicações de que está cooperando, de que está envolvido no processo de aprendizagem e de que está buscando modificar-se.

A reciprocidade está intimamente relacionada com o *significado* do aprendizado. Dotado de significado, o aprendizado tem potencial para ser transcendido para a vida.

Transcendência – O critério de transcendência visa a promover a aquisição de princípios, conceitos ou estratégias que possam ser generalizados para outras situações. Envolve encontrar uma regra geral que possa ser aplicada a situações correlatas.

Além do conhecimento, é preciso desenvolver valores

Cortella (2005, p. 22) cita uma frase que o chocou quando leu os sermões do padre Antonio Vieira: *"O peixe apodrece pela cabeça"*. Diz ele que também vivemos um "apodrecimento" de alguns valores, de dignidade, da capacidade de convivência, de civilidade. Esses valores devem ser retomados não como uma preocupação com moral, mas com a ética. Em complementação, La Taille (2005, p. 8) afirma que moral diz respeito aos deveres e ética, a questões relativas à vida, à felicidade, não só individual, mas *com* o outro (ideia de grupo, da cooperação) e *para* o outro (ideia de benevolência, generosidade).

Penso que a escola enfrenta um enorme desafio, o de criar situações e estratégias para o educando dos diversos saberes que mobilizam as competências, principalmente os saberes ser e conviver.

Desenvolver competências de convivência, de atitudes éticas, de cidadania, é crucial na educação e, especialmente, na educação profissional.

***

Creio que não resta muito a dizer.

Quero reforçar a ideia de que a via da educação, qualquer que seja o ambiente de aprendizagem, é um meio de esperança para um mundo melhor. Uma educação concebida como um processo que possibilite a uma pessoa se desenvolver em sua condição de ser humano; que, simultaneamente, consiga formar um sujeito como ser singular, diferenciado e como ser social com capacidades de pertencer e de se relacionar.

Afinal, como diz Martin Luther King (2010): "Ou aprendemos a viver como irmãos, ou vamos morrer juntos como idiotas."

Referências bibliográficas

ALLEN, David. *La evaluación del aprendizaje de los estudiantes*: una herramienta para el desarrollo profesional de los docentes. Barcelona: Paidós, 2000. 309 p.

ALVES, Rubem. *Escutatório*. Disponível em: <http://www.rubemalves.com.br/escutatorio.htm>. Acesso em: 12 abr. 2012.

ALVES, Rubem; DIMENSTEIN, Gilberto. *Fomos maus alunos*. 2. ed. São Paulo: Papirus, 2003. 125 p.

ANDERSON, S. B. et al. *Encyclopedia of educational evaluation*. San Francisco: Jossey Boss, 1981.

ARROYO, Miguel G. Educação e exclusão da cidadania. In: BUFFA, Ester; ARROYO, Miguel G.; NOSELLA, Paolo. *Educação e cidadania*: quem educa o cidadão? São Paulo: Cortez, 1987. p. 31-80. (Questões da nossa época, 19).

ASSMANN, Hugo; JUNG MO SUNG. *Competência e sensibilidade solidária*: educar para a esperança. 3. ed. Petrópolis: Vozes, 2000. 331 p.

AVANZINI, Guy (Org.). *A pedagogia atual*: disciplinas e práticas. São Paulo: Loyola, 1999. 280 p.

BARATO, J. N. *A técnica como conhecimento*: um caminho para a pedagogia da educação profissional. Rio de Janeiro: SENAC/SENAI, 1998.

BERNARDO, Gustavo. *Educação pelo argumento*. Colaboração de Gisele de Carvalho. Rio de Janeiro: Rocco, 2000. 272 p.

BLOOM, B. S.; HASTINGS, J. T.; MADAUS, G. F. *Manual da avaliação formativa e somativa do aprendizado escolar*. São Paulo: Pioneira, 1983. 307 p.

BLOOM, Benjamin. *Taxionomia de objetivos educacionais*. Porto Alegre: Globo, 1977. 2 v. 383 p.

BOFF, Leonardo. *A águia e a galinha*: a metáfora da condição humana. 4. ed. Petrópolis: Vozes, 1997. 140 p.

BORDENAVE, Juan Díaz. *O que é participação?* São Paulo: Brasiliense, 1983. 84 p. (Primeiros passos).

BORDENAVE, Juan Díaz; PEREIRA, Adair Martins. *Estratégias de ensino-aprendizagem*. Petrópolis: Vozes, 2005. 357 p.

BURON OREJAS, Javier. *Enseñar a aprender*: introducción a la metacognición. Bilbao: Mensajero, 2000. 158 p.

COMMISSION DES COMMUNAUTÉS EUROPEÉNNES. *Evaluation de l'efficacité de la formation professionnelle*: compte rendu d'un séminaire organisé en janvier 1975 a l'université de Manchester (Royaume-Uni). Luxembourg: Office des publications officielles des communautés européennes, 1976. 138 p.

CORTELLA, Mário Sérgio; LA TAILLE, Ives. *Nos labirintos da moral*. Campinas: Papirus, 2005. 112 p.

CUNHA, Antonio Geraldo da. *Dicionário etimológico Nova Fronteira da língua portuguesa*. 2. ed. Rio de Janeiro: Nova Fronteira, 1986.

DAMÁSIO, António. *O erro de Descartes*: emoção, razão e o cérebro humano. Tradução de Dora Vicente Georgina Segurado. São Paulo: Companhia das Letras, 1996. 336 p.

DEFFUNE, Deisi; DEPRESBITERIS, Léa. *Competências, habilidades e currículos de educação profissional*: crônicas e reflexões. São Paulo: SENAC, 2000. 102 p.

DELORS, Jacques (Coord.). Os quatro pilares da educação. In: _____. *Educação*: um tesouro a descobrir. São Paulo: Cortez, 1996. p. 89-102. Relatório para a Unesco da Comissão Internacional sobre educação para o século XXI.

DEMO, Pedro. *Avaliação qualitativa*. São Paulo: Cortez, 1987. 103 p.

DEMO, Pedro. *Formação permanente e tecnologias educacionais*. São Paulo: Vozes, 2006. 144 p.

DEMO, Pedro. *Pesquisa*: princípios científicos e educativos. São Paulo: Cortez, 1991. 120 p.

DEPRESBITERIS, Léa. *Avaliação da aprendizagem*: um ponto de partida para avaliação de programas de formação profissional. São Paulo, 1988. Tese (Doutorado em Psicologia Escolar e do Desenvolvimento Humano) – Instituto de Psicologia, Universidade de São Paulo, São Paulo, 1988. 243 p.

DEPRESBITERIS, Léa. Educação profissional: seis faces de um mesmo tema. *Boletim Técnico do Senac*, Rio de Janeiro, v. 26, n. 2, maio/ago., p. 29-30, 2001.

FERREIRA, Climério. *Canto do retiro*. Brasília, DF: [s.n.], 1974, 89 p.

FERREIRA, Vergílio. *Estrela polar*. Lisboa: Portugália Editora, 1967, p. 49.

FEUERSTEIN, Reuven et al. *Instrumental enrichment*: an intervention program for cognitive modifiability. Illinois: Scott Foresman, 1980. 434 p.

FREIRE, Paulo. *Pedagogia da autonomia*: saberes necessários à prática educativa. Rio de Janeiro: Paz e Terra, 1999, 144 p.

GLASER, R. Instructional technology and the measurement of learning outcomes: some questions. *American Psychologist*, Washington, v. 18, n. 8, p. 519-21, ago. 1963.

GLASER, R. Toward new models for assessement. In: WALBERG, Hebert J.; HAERTEL, Geneva D. *The encyclopedia of educational evaluation*. Oxford: Pergamon Press, 1990. p. 475-483.

KING, Martin Luther. *As palavras de Martin Luther King*. Tradução de Maria Luiza X. de A. Borges. São Paulo: Zahar, 2010, 128 p.

LANDSHEERE, Gilberto de. *Avaliação contínua e exames*: noções de docimologia. Coimbra: Almedina, 1976. 330 p.

LE BOTERF, G. *Desenvolvendo a competência dos profissionais*. Tradução Patrícia Chittoni Ramos Reuillard. Porto Alegre: Artmed, 2003. 278 p.

LIPMANN, Mattew. *O pensar na educação*. Petrópolis: Vozes, 1995. 120 p.

LÜCK, Heloisa; GOMES, Dorothy. *Desenvolvimento afetivo na escola*: promoção, medida e avaliação. São Paulo: Vozes, 1983. 114 p.

LÜDKE, M.; ANDRÉ, M. E. D. A. *Pesquisa em educação*: abordagens qualitativas. São Paulo: EPU, 1986. 100 p.

MACHADO, Nilson José. Violência e palavra. In: MACHADO, Nilson J.; CUNHA, Marisa O. (Org.). *Linguagem, conhecimento, ação*: ensaios de epistemologia didática. São Paulo: Escrituras, 2003. 350 p. (Ensaios transversais, 23).

MELLO, Thiago de. *Os estatutos do homem*. São Paulo: Martins Fontes, 1977. 72 p.

MORIN, Edgar. *O método 6*: ética. Tradução de Juremir Machado da Silva. Porto Alegre: Sulina, 2005. 222 p.

NÓVOA, Antônio. *Professores*: imagens do futuro presente. Pinhais: Melo, 2010. 41 p.

PECHER, Fritz Cristof R. et al. Proposta de planejamento de ensino e avaliação do rendimento escolar. In: *Educação e Seleção*, São Paulo: Fundação Carlos Chagas, n. 15, p. 27, 1987.

PERELMAN, Chaïm; OLBRECHTS-TYTECA, Lucie. *Tratado de argumentação*: a nova retórica. São Paulo: Martins Fontes, 1996. 654 p.

SACRISTÁN, José Gimeno et al. *Educar por competências*: o que há de novo? Porto Alegre: Artmed, 2011. 264 p.

SENAI-SP. *O giz e a graxa*: meio século de educação para o trabalho. São Paulo, 1992. Projeto Memória SENAI-SP. 260 p.

SENAI-SP-DCP. *Avaliação do rendimento escolar no SENAI-SP*: uma visão crítica do ponto de vista dos docentes de educação geral. São Paulo, 1984a. 44 p.

SENAI-SP-DCP. *Avaliação do rendimento escolar no SENAI-SP*: uma visão crítica do ponto de vista dos assistentes de direção. São Paulo, 1984b. 57 p.

SENAI-SP-DCP. *Avaliação do rendimento escolar no SENAI-SP*: uma visão crítica do ponto de vista dos docentes de formação especial. São Paulo, 1984c. 79 p.

SENAI-SP-DCP. *Avaliação do rendimento escolar no SENAI-SP*: uma visão crítica do ponto de vista dos responsáveis e encarregados pelo curso noturno. São Paulo, 1984d. 39 p.

SENAI-SP-DCP. *Diretrizes de planejamento de ensino e avaliação do rendimento escolar*. São Paulo, 1988. 70 p.

SENAI-SP-DCP. *Subsídios para a elaboração do plano integrado de trabalho da escola*. São Paulo, 1983. 19 p.

SOUZA, Ana M. M. de; DEPRESBITERIS, Léa; MACHADO, Osny T. M. *A mediação como princípio educacional*: bases teóricas das abordagens de Reuven Feuerstein. São Paulo: SENAC, 2004.

SZABO, Cleuza Barbosa. *Depoimentos da mãe de um autista*. 3. ed. São Paulo: Cortez, 1996. 62 p.

TOLLE, Paulo Ernesto. Introdução. In: SENAI-SP. *Relatório de atividades*: 1984. São Paulo, [1985]. p. 7.

VYGOTSKY, L. S. *Pensamento e linguagem*. 3. ed. São Paulo: Martins Fontes, 1991. 224 p.

Anexo

Senai-SP

D Divisão de
C Currículos e
P Programas

Diretrizes de planejamento
de ensino e avaliação
do rendimento escolar

1988

Diretoria de Tecnologia Educacional
Aécio Batista de Souza

Divisão de Currículos e Programas
Vicente Amato (fase experimental)
Walter Vicioni Gonçalves (fase de implantação)

Projeto, Desenvolvimento e Coordenação
Equipe de Plano e Programas: Fritz Christof Rudolf Pecher
Equipe de Avaliação: José Luiz Pieroni Rodrigues
Grupo responsável pelo trabalho:
    Fase experimental: Alaor Correa Pinto
                        Léa Depresbiteris
                        Maria do Socorro Taurino Brito
                        Moacyr Bagnareli
                        Paulo Moreira
                        Silas Martins dos Santos
    Fase de Implantação: Alaor Correa Pinto
                        Léa Depresbiteris
                        Maria Beatriz Bianchi de Andrade
                        Maria do Socorro Taurino Brito
                        Reinaldo Regina
                        Silas Martins dos Santos
    Datilografia: Teresinha Mazagão Sabino da Silva

Sumário

PARTE A 129

1. DIRETRIZES BÁSICAS DO PLANEJAMENTO DE ENSINO E AVALIAÇÃO DO RENDIMENTO ESCOLAR NO SENAI-SP 131
2. O PAPEL DA EDUCAÇÃO EM UM SISTEMA DE FORMAÇÃO PROFISSIONAL 137
3. RELAÇÃO ENTRE PLANEJAMENTO DE ENSINO E AVALIAÇÃO DO RENDIMENTO ESCOLAR 141
   - 3.1 – Principais pressupostos de aprendizagem 143
   - 3.2 – Planejamento de ensino 144
   - 3.3 – Avaliação do rendimento escolar 145

PARTE B 149

4. PLANEJAMENTO DE ENSINO E AVALIAÇÃO DO RENDIMENTO ESCOLAR – UMA SUGESTÃO DE OPERACIONALIZAÇÃO 151
   - 4.1 – Passos do planejamento de ensino e da avaliação do rendimento escolar 151
   - 4.2 – Análise de conhecimentos, habilidades e atitudes 152
   - 4.3 – Previsão modular – Planejamento com relação ao tempo 158
   - 4.4 – Definição de objetivos gerais e específicos, com determinação de níveis de desempenho 162
   - 4.5 – Identificação dos conteúdos para os objetivos 171
   - 4.6 – Seleção de estratégias de ensino 174
   - 4.7 – Seleção de instrumentos e estratégias de avaliação 177
   - 4.8 – Determinação de critérios de avaliação 178
   - 4.9 – Exemplificação 179

PARTE C 183

5. DESENVOLVIMENTO DO PLANEJAMENTO DE ENSINO E DA AVALIAÇÃO DO RENDIMENTO ESCOLAR 185
   - 5.1 – Plano de ensino 185
   - 5.2 – Elaboração dos instrumentos de avaliação 187

5.3 – Aplicação dos instrumentos e estratégias de avaliação 189
5.4 – Correção dos instrumentos de avaliação 190
5.5 – Análise de resultados 191

6. PROMOÇÃO DE ATITUDES 195

7. ATRIBUIÇÃO DE NOTAS 201

8. RECUPERAÇÃO DA APRENDIZAGEM 203
8.1 – Previsão modular e recuperação da aprendizagem 205
8.2 – Recuperação e alcance de objetivos 207

Apresentação

Este documento apresenta diretrizes para o planejamento de ensino e avaliação do rendimento escolar, acrescidas de sugestões de operacionalização, estabelecidas pela Divisão de Currículos e Programas.

Tais diretrizes, que vêm substituir as veiculadas pelo documento "Avaliação do Aproveitamento Escolar nas Unidades de Ensino Supletivo" (maio 1974), foram elaboradas levando-se em consideração todas as etapas abaixo arroladas:

a. pesquisa exploratória cuja finalidade foi a de coletar opiniões de equipes escolares e docentes de todas as escolas da rede SENAI-SP sobre aspectos do planejamento e avaliação (em 1983-4);
b. elaboração de uma proposta de diretrizes e ações pedagógicas (em 1985);
c. experimentação da referida proposta em dez escolas-piloto (em 1985);
d. avaliação da experiência (em 1985-6);
e. indicação de alternativas de ação, aos decisores do sistema, para implantação das diretrizes (em 1986).

No tocante a esse último item, duas condições foram colocadas na ocasião como necessárias para a implantação:

1ª) propiciar tempo para que os docentes da parte comum e da parte diversificada planejassem, avaliassem e replanejassem seu ensino de modo conjunto e crítico e
2ª) capacitar equipes escolares e docentes, não somente com treinamento formal, mas também ao longo do desenvolvimento de seu trabalho educativo.

Devido à impossibilidade de a instituição atender à primeira das condições, a capacitação das equipes escolares e docentes passou a ser a meta principal.

Os conteúdos teóricos para prover esta capacitação encontram-se registrados neste documento e refletem as principais ideias de planejamento e avaliação da equipe elaboradora. Cabe às equipes escolares e aos docentes estudá-las e adequá-las às diferentes disciplinas ministradas, ocupações oferecidas e peculiaridades de cada escola.

Em suma, este documento contém três partes assim formalizadas:

Na *Parte A* as diretrizes e o papel da educação em um sistema de formação profissional são apresentados, bem como os principais conceitos de aprendizagem, planejamento de ensino e avaliação do rendimento escolar.

Na *Parte B* encontra-se uma sugestão de operacionalização das diretrizes de planejamento de ensino e avaliação do rendimento escolar, sistematizada em dois exemplos que devem ser encarados como simples sugestão e não como modelos a serem rigidamente seguidos.

Na *Parte C*, além de alguns tópicos relacionados com o desenvolvimento do planejamento de ensino e avaliação do rendimento escolar – como plano de ensino, elaboração e aplicação de instrumentos, correção e análise e resultados –, surgem, ainda, três assuntos que enriquecem a temática em pauta: promoção de atitudes, atribuição de notas e recuperação.

PARTE A

1 — DIRETRIZES BÁSICAS DO PLANEJAMENTO DE ENSINO DA AVALIAÇÃO DO RENDIMENTO ESCOLAR

2 — O PAPEL DA EDUCAÇÃO EM UM SISTEMA DE FORMAÇÃO PROFISSIONAL

3 — RELAÇÃO ENTRE PLANEJAMENTO DE ENSINO E AVALIAÇÃO DO RENDIMENTO ESCOLAR

    3.1 – Principais pressupostos de aprendizagem

    3.2 – Planejamento de ensino

    3.3 – Avaliação do rendimento escolar

1. Diretrizes básicas do planejamento de ensino e avaliação do rendimento escolar no Senai-SP

1ª diretriz – O planejamento de ensino e a avaliação do rendimento escolar devem ser considerados como partes de um processo maior, de acordo com a filosofia de educação claramente definida pela Instituição.

2ª diretriz – O planejamento de ensino e a avaliação do rendimento escolar constituem um processo único, que deve ser estabelecido a partir de um trabalho integrado, participativo, de todos os responsáveis nele envolvidos. Neste trabalho urge considerar peculiaridades e necessidades específicas de cada escola.

3ª diretriz – O planejamento e a avaliação devem ser considerados em seus três níveis: o educacional, o curricular e o de ensino. No Senai--DR-SP, o planejamento de ensino e a avaliação do rendimento escolar são de responsabilidade dos docentes, assessorados pela equipe escolar. Toda a ação está baseada em objetivos e deve ser integrada para que se garanta a coerência dos princípios da instituição.

4ª diretriz – O planejamento de ensino e a avaliação do rendimento escolar devem ser considerados como um processo contínuo e sistemático a fim de permitir, principalmente, a melhoria dos desempenhos insatisfatórios e o reforço de desempenhos positivos.

5ª diretriz – Tal processo é sistemático, porque há necessidade de que a avaliação do rendimento escolar seja realizada de forma organizada, com base em real planejamento de ensino em que:

a) os conhecimentos, as habilidades e as atitudes a desenvolver estejam estruturados, hierarquizados, selecionados significativamente, bem definidos e muito bem integrados;
b) os objetivos, os conteúdos e as estratégias de ensino estejam claramente definidos;
c) os instrumentos e os critérios de avaliação estejam devidamente estabelecidos;
d) as múltiplas formas de análise dos resultados estejam previstas.

6ª diretriz – O planejamento de ensino e a avaliação do rendimento escolar consideram a aprendizagem como um processo ativo, em oposição à simples memorização ou simples mecanismo de repetição. Implicam mudanças qualitativas que não podem ser entendidas simplesmente como consequência do desenvolvimento biológico.

7ª diretriz – A interação docente-aluno na busca da aprendizagem requer, como condição básica, o diálogo através do qual haja troca de experiências e enriquecimento mútuo.

8ª diretriz – A aprendizagem deve considerar três aspectos fundamentais: "aprender a fazer", "aprender a aprender" e "aprender a ser", de modo a garantir a formação integral do aluno.

9ª diretriz – Para definir os conhecimentos, as habilidades e as atitudes necessários ao alcance dos objetivos finais, o docente deve agir crítica e reflexivamente frente aos elementos curriculares, aos conteúdos programáticos, ao plano integrado de trabalho da escola e a outros planos de atividades da unidade de formação profissional.

10ª diretriz – O planejamento de ensino, compreendido como atividade de reflexão sobre as ações mais indicadas para o alcance dos objetivos finais, deve resultar na tomada das melhores alternativas de decisão.

11ª – diretriz – Na definição dos objetivos de conhecimentos tecnológicos, de planejamento e execução da tarefa, o docente deverá dimensioná-los de modo a garantir a formação desejada na ocupação.

12ª diretriz – No planejamento de ensino, os objetivos deverão contemplar os conteúdos em duas dimensões: extensão (limites do conteúdo) e profundidade (níveis de desempenho a serem atingidos). Deverão ser redigidos de forma a permitir ao docente a escolha de diversas estratégias de ensino e de avaliação.

13ª diretriz – Os conteúdos escolhidos para o alcance dos objetivos devem ser distribuídos pela carga horária através da previsão modular, que racionaliza a utilização do tempo para as aulas, para avaliações e recuperação da aprendizagem. Na previsão modular, o *módulo* deve ser considerado como um conjunto de conhecimentos significativos para o alcance de determinados objetivos.

14ª diretriz – A avaliação do rendimento escolar deve ser considerada como meio de coleta de informações para a melhoria do ensino e da aprendizagem, tendo assim funções de orientação, apoio, assessoria e não de punição ou simples decisão final a respeito do desempenho do aluno.

15ª diretriz – A avaliação do rendimento escolar deve necessariamente:

– especificar de forma clara o que será avaliado;
– utilizar as técnicas e instrumentos mais adequados;
– possibilitar a autoavaliação por parte do aluno;
– estimular o aluno a progredir, e
– buscar sempre a melhoria do desempenho do aluno.

16ª diretriz – A avaliação do rendimento escolar não deve ser pensada somente ao fim de um período letivo. Ela deve se situar num "*continuum*" permeando:

a) momentos anteriores à situação de ensino-aprendizagem propriamente dita, para a verificação de pré-requisitos (avaliação diagnóstica);
b) momentos do próprio processo, a fim de promover a melhoria dos alunos (avaliação formativa), e
c) momentos finais, que permitam a aprovação ou retenção dos alunos (avaliação somativa).

17ª diretriz – A avaliação do rendimento escolar deve enfatizar as funções diagnóstica e formativa, pois estas orientam o processo de melhoria dos desempenhos através da recuperação imediata.

18ª diretriz – Na avaliação do rendimento escolar a função administrativa legal da nota não deve encobrir suas características de orientação da aprendizagem e do ensino.

19ª diretriz – A recuperação deve ser vista como processo, isto é, um conjunto de atividades diversas que promovam a superação das falhas da aprendizagem. Nesse sentido, ela exigirá o esforço de toda equipe escolar e dos docentes no intuito de evitar prejuízos e o desestímulo ocasionado pelas retenções.

20ª diretriz – O planejamento e a realização das atividades de recuperação são de responsabilidade das equipes escolares que devem definir suas formas e momentos de atuação.

21ª diretriz – Será submetido a processo de recuperação o aluno que não alcançar 50% dos objetivos de cada unidade de ensino. Em virtude da concepção da recuperação do processo, a sua avaliação abrangerá todos os objetivos da unidade.

22ª diretriz – Considerando a natureza do ensino que é ministrado pelo SENAI, a definição das atitudes a serem promovidas deve privilegiar a boa realização profissional (atitudes inerentes ao trabalho), sem esquecer aqueles atributos que contribuem para a formação de um homem crítico, participativo e consciente (atitudes sociais).

23ª diretriz – Dada a sua importância para a formação profissional, as atitudes inerentes ao trabalho devem ser consideradas como critérios para a avaliação do alcance dos objetivos. As atitudes sociais, por sua vez, devem ser trabalhadas de forma integrada por todos os elementos da escola e acompanhadas no seu desenvolvimento, sem a preocupação de atribuição de nota.

24ª diretriz – As notas devem ser atribuídas dentro de um sistema de avaliação que relacione a aprendizagem do aluno aos objetivos previamente determinados.

25ª diretriz – O plano de ensino, registro de decisões do planejamento de ensino e avaliação do rendimento escolar, deve ser encarado como instrumento norteador do trabalho docente, fruto da reflexão, privilegiando aspectos qualitativos e não como documento burocrático, obrigatório e formal.

26ª diretriz – As diretrizes de planejamento de ensino e avaliação do rendimento escolar têm uma conotação orientadora para o desenvolvimento do trabalho docente, sem a intenção de limitar seu papel. Seus exemplos e aspectos formais não constituem modelos a serem rigidamente seguidos.

27ª diretriz – O planejamento de ensino e a avaliação do rendimento escolar devem ser encarados como meios para alcançar fins e não como fins em si mesmos, levando-se em conta suas características básicas de processo.

2. O PAPEL DA EDUCAÇÃO EM UM SISTEMA DE FORMAÇÃO PROFISSIONAL

Diversas têm sido as tendências educacionais e diferentes diretrizes pedagógicas têm sido propostas, determinando mudanças na concepção do papel da escola, do docente e do aluno; na forma e no conteúdo dos currículos; na metodologia de ensino e, consequentemente, no papel do planejamento de ensino e da avaliação do rendimento escolar.

O Quadro 1 mostra as diferenças entre essas diversas tendências. Não há, neste momento, qualquer preocupação em exaurir a discussão sobre o valor de cada uma. A intenção é apenas delinear posições que ajudem a esclarecer o papel da educação e, especificamente, do planejamento e da avaliação em um sistema de formação profissional.

GRÁFICO 1 – Variáveis que devem ser analisadas em um sistema de formação profissional

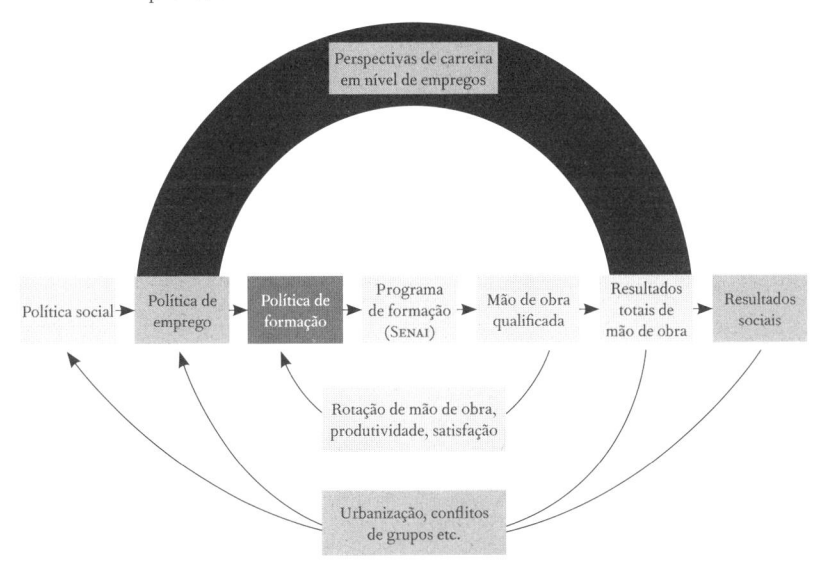

QUADRO 1 – *Tendências da educação nos diversos componentes curriculares*

Tendências da Educação / Componentes curriculares	Tradicional	Nova	Tecnicista	Crítica
Escola	É uma escola autoritária voltada para as camadas mais favorecidas da sociedade.	É uma escola democrática que pretende a equalização social, sem privilégios de classe e de raça.	É uma escola que busca a eficiência do produto. O produto é mais importante que o indivíduo.	É uma escola que propõe a reflexão. Busca, então, examinar detidamente, prestar atenção, analisar com cuidado, busca filosofar. A escola é muito importante e deve ser de boa qualidade para todas as camadas da população.
Organização da Escola	As normas disciplinares da escola são muito rígidas, suas funções estão claramente definidas e hierarquizadas.	As normas disciplinares são mais livres. As funções se confundem, disfarçando a autoridade.	Aplica-se à escola um modelo empresarial. Há divisões de funções de planejamento, execução e avaliação.	A organização é um meio para que a escola funcione bem nos seus múltiplos aspectos.
Objetivos Educacionais	Os objetivos educacionais são baseados em documentos legais, obedecendo a sequência lógica dos conteúdos e não estando muito explicitados.	Os objetivos educacionais obedecem ao desenvolvimento psicológico do aluno, visando à sua autorrealização.	Os objetivos educacionais são operacionalizados e categorizados, através de verbos precisos, a partir de duas classificações: objetivos gerais e objetivos específicos.	Os objetivos educacionais são definidos a partir das necessidades concretas do contexto histórico-social no qual se encontram os sujeitos.
Conteúdos Programáticos	O que importa é a quantidade de conhecimentos. Os conteúdos são selecionados a partir da cultura universal acumulada, sendo organizados por disciplina.	O que se visa é ao desenvolvimento psicológico do aluno. Os conteúdos são selecionados a partir dos interesses dos alunos.	Os conteúdos sempre são estruturados segundo os objetivos.	Os conteúdos são selecionados a partir da ciência, filosofia, arte, política, história.
Metodologia	As aulas são centradas no professor, são expositivas. As estratégias são exercícios de fixação, leituras, cópias etc.	As atividades são centradas no aluno. As estratégias são trabalhos em grupo, pesquisas, jogos criativos etc.	A ênfase é dada aos meios instrucionais: instrução programada, módulos individualizados, audiovisuais etc.	Utiliza-se de todos os meios que possibilitem a apreensão crítica dos conteúdos.
Papel do Professor	Ele é o transmissor dos conteúdos aos alunos.	O professor é um orientador, é um facilitador da aprendizagem.	Não há o papel do professor, mas sim o de um técnico que seleciona, organiza e aplica um conjunto de meios que garantem a eficiência e eficácia do ensino.	O professor é um educador que facilita e conduz o processo de ensino-aprendizagem.
Papel do Aluno	É um ser passivo que deve assimilar os conteúdos transmitidos pelo professor.	É um ser ativo. É o centro do processo de ensino-aprendizagem.	É um elemento para quem o material é preparado.	É uma pessoa concreta, objetiva que determina e é determinada pelo social, pelo político, pelo econômico, pelo individual, pela história.
Produto da Educação	O aluno deve dominar o conteúdo cultural universal transmitido pela escola.	O aluno deve ser criativo, participativo. Deve-se dizer que ele "aprendeu a aprender".	O aluno deve ser eficiente, produtivo, deve lidar cientificamente com os problemas da realidade.	O aluno deve ser capaz de operar conscientemente as mudanças da realidade. Para isso deve dominar solidamente os conteúdos.
Papel da Avaliação	A avaliação valoriza os aspectos cognitivos com ênfase na memorização.	A avaliação valoriza aspectos afetivos (atitudes) com ênfase na autoavaliação.	Como a ênfase é a produtividade do aluno, deve-se medir o ganho de aprendizagem. Assim a avaliação enfatiza a diferença de aprendizagem entre o comportamento de entrada e de saída.	A avaliação está preocupada com a superação do senso comum (desorganização do conteúdo) para a consciência crítica (sistematização dos conteúdos).

Fonte: Fundação Cenafor (Documento preparado para as Escolas Técnicas Federais – 1983).

No Gráfico 1 visualiza-se um amplo processo de interação, marcado pela ideia de que os programas de formação profissional sofrem influências de variáveis diversas, como conflitos grupais, perspectivas de carreira, rotação de mão de obra, que por sua vez determinam políticas sociais, econômicas e, consequentemente, de emprego e de formação profissional.

Ações de planejamento e de avaliação que não considerem todas essas variáveis podem chegar a resultados ilusórios sobre a eficiência e a eficácia dos programas de formação. Serão parciais os estudos que atentarem para variáveis isoladas sem o cuidado de situá-las dentro de um contexto global. Nessa ordem, a instituição se arrisca a eximir-se de sua responsabilidade social, preocupando-se mais com os aspectos técnicos do que com aqueles que se referem à formação de maior consciência profissional, os quais ajudam o aluno a compreender que exercer uma profissão é mais do que dominar técnicas inerentes à sua prática, é imbuir-se de seus valores, acreditar na sua importância e empreender uma série de realizações peculiares a ela. Através dessa consciência o indivíduo poderá sentir-se participante e buscar sua integração na sociedade.

O Senai, como instituição dedicada especificamente à formação profissional, tem a responsabilidade de propiciar ao aluno não só os requisitos técnicos indispensáveis ao exercício da profissão, mas também a oportunidade de discussão do seu papel profissional. Nesse sentido, o Senai-SP busca a integração das diversas variáveis mencionadas.

Desta maneira, as pesquisas realizadas com o intuito de analisar o efeito dos programas de formação profissional na comunidade são de responsabilidade da Divisão de Pesquisas, Estudos e Avaliação (DPEA). À Divisão de Currículos e Programas (DCP) cabe a análise dos programas de formação profissional, em todos os seus componentes, tais como: desempenho dos alunos, qualidade dos materiais instrucionais e diretrizes do planejamento de ensino e avaliação do rendimento escolar.

No que se refere a este último componente, a ideia básica é a de que o planejamento de ensino e a avaliação do rendimento escolar devem ter uma conotação de orientação e não de instrumento burocrático, limitador da ação docente.

3. Relação entre planejamento de ensino e avaliação do rendimento escolar

Quando se fala de planejamento e avaliação deve-se pensar em diferentes níveis de ação: educacional, curricular e de ensino.

O *planejamento educacional* diz respeito aos objetivos da instituição como um todo, analisados à luz das diferentes variáveis sociais, econômicas, políticas etc.

No Senai-SP, o planejamento educacional é de responsabilidade do Departamento Regional, com decisões previstas para todas as Unidades de Formação Profissional a ele pertencentes.

O *planejamento curricular* deve pautar-se no planejamento educacional; relaciona-se com a totalidade das experiências promovidas pela escola, de tal maneira que favoreça ao máximo o processo de ensino-aprendizagem.

No Senai-SP, o planejamento curricular é de responsabilidade da Divisão de Currículos e Programas com assessoria dos técnicos das Unidades de Formação Profissional.

O *planejamento de ensino* deve pautar-se nos dois outros níveis de planejamento (educacional e curricular); compreende as ações dos docentes com relação ao processo de ensino-aprendizagem.

No Senai-SP, o planejamento de ensino é de responsabilidade dos docentes, que devem ser apoiados pela equipe escolar.

Considerando que os três níveis de planejamento devem estar perfeitamente integrados para possibilitar o cumprimento dos objetivos finais, fica claro o valor da avaliação como fornecedora de informações para decisões de ação.

Por essa razão, os níveis de avaliação acompanham os de planejamento.

A *avaliação educacional*, voltada para a análise do alcance dos objetivos da instituição, tem em vista não só as ações internas mas, principalmente, as externas, de impacto na comunidade.

A *avaliação de currículos* consiste na análise da efetividade das experiências previstas pela escola e verifica aspectos tais como: adequação dos planos e programas de ensino, material instrucional, desempenho dos docentes e da equipe escolar.

Finalmente, a *avaliação do rendimento escolar* deve analisar os resultados do desempenho do aluno em conhecimentos, habilidades e atitudes desenvolvidas no processo de ensino-aprendizagem.

Pelo que foi exposto, pode-se perceber a necessidade de integração entre planejamento de ensino e avaliação do rendimento escolar.

Numa tentativa de estabelecer princípios, propõe-se que o planejamento de ensino e a avaliação do rendimento escolar devam:

- ser sistemáticos, o que pressupõe periodicidade, estabelecimento de objetivos, busca de estratégias adequadas e metodologia científica de trabalho;
- definir diretrizes que possam orientar o trabalho;
- possibilitar a reflexão pelo aluno e pelo docente;
- levar em conta os objetivos propostos pela escola;
- estimular e enriquecer o processo de ensino-aprendizagem;
- ser processos contínuos, permeando todas as atividades escolares;
- especificar claramente seus critérios;
- ser encarados como meios para alcançar fins e não como fins em si mesmos.

É importante enfatizar esse último princípio, pois ele norteia todas as ideias de planejamento e avaliação aqui apresentadas.

O planejamento de ensino deve ser considerado como elemento norteador da ação do docente, permitindo replanejamentos, com inclusão de estratégias não previstas, reorganização do programa, redistribuição de carga horária e outros ajustes, sem quebra da unidade e da continuidade.

A avaliação, por sua vez, deve ser encarada como processo de fornecer informações para melhoria do ensino e aprendizagem, tendo função de orientação, de apoio, de assessoria e não de punição ou simples decisão final para promoção ou retenção do aluno.

A seguir, serão discutidos os principais pressupostos de aprendizagem que servem de suporte às noções básicas de planejamento de ensino e avaliação do rendimento escolar.

3.1 – *Principais pressupostos de aprendizagem*

Muito se tem discutido sobre o termo aprendizagem. O que é aprendizagem? Que processos mentais a provocam? Quais suas características básicas? Como planejar sua realização? Como avaliar se ela ocorreu?

Para responder a essas questões, a aprendizagem foi considerada da seguinte maneira:

- é um processo, porque é contínuo e crescente, não ocorre de uma vez;
- é um processo ativo, dinâmico, em oposição a um simples mecanismo de repetição;
- é um processo que determina modificações permanentes como resultado da experiência vivenciada. O que foi realmente aprendido não se perde e serve de suporte para aprendizagem posterior;
- é um processo de cognição que, muitas vezes, envolve estruturas mentais complexas. Não é simplesmente uma resposta a um estímulo;
- é um processo em que o aprendiz deve ser considerado como sujeito e não como objeto;
- implica mudanças qualitativas nas capacidades humanas, as quais não podem ser atribuídas simplesmente ao processo de crescimento biofísico;
- ocorre mais facilmente quanto maior for a interação entre o docente e o aluno, sendo o diálogo condição essencial para a sua efetivação;
- ocorre com mais facilidade se forem consideradas as condições internas do aprendiz e forem criadas condições externas favoráveis;

- requer a estruturação lógica das partes que devem ser compreendidas e relacionadas;
- requer conteúdos significativos em suas diversas ordens, opondo-se à aprendizagem de conteúdos irrelevantes;
- deve enfocar não somente os produtos, mas também os processos;
- deve ser um processo que permita a resolução de problemas pelo aprendiz, dando-lhe possibilidade de maior autonomia intelectual.

3.2 – Planejamento de ensino

A ideia de planejamento é inseparável da ideia de processo. Processo, por sua vez, implica ações progressivas tendo em vista um resultado. O planejamento resulta, pois, na tomada de decisões para ação posterior, com o fim de atingir objetivos predeterminados.

Na promoção da aprendizagem, o planejamento permite ao docente *refletir e decidir* sobre as ações mais indicadas para o alcance dos objetivos finais.

O planejamento de ensino, compreendido como atividade de reflexão, resultará na tomada de decisões tais como:

- análise de conhecimentos, habilidades e atitudes;
- definição de objetivos gerais e específicos;
- identificação dos conteúdos para o alcance dos objetivos;
- seleção de estratégias de ensino.

Para essa reflexão, o docente deveria contar com o conhecimento de aspectos psicológicos e fundamentos de teorias de aprendizagem.

O docente deve buscar, também, aspectos mais específicos ligados à realidade em que irá trabalhar: características, expectativas, ideias e valores dos alunos, características e expectativas da escola e da comunidade em geral.

Enriquecendo o planejamento neste momento de reflexão é necessário considerar que ele deve ser constantemente avaliado a partir de certos critérios, tais como:

– coerência com as diretrizes previstas nos planejamentos educacional e curricular;
– vantagens e desvantagens de determinadas alternativas de decisão;
– diferenças entre o que se pretendeu e o que se alcançou;
– facilitação do trabalho do docente e da equipe escolar.

É preciso reafirmar que o planejamento de ensino cumprirá o seu papel de motivador do docente na medida em que:

– garanta uma sequência lógica dos objetivos e conteúdos;
– proporcione segurança ao docente com relação ao desenvolvimento do curso;
– possibilite bom aproveitamento do tempo;
– proporcione uma visão completa do que será desenvolvido com indicações dos momentos de avaliação e recuperação.

3.3 – *Avaliação do rendimento escolar*

Avaliar perdeu o antigo conceito de simplesmente "medir" e ganhou mais amplitude ao utilizar, além de descrições quantitativas, interpretações qualitativas, nas quais se incluem julgamentos de valor durante todo o processo de ensino-aprendizagem e não somente ao seu final.

Entendida assim, a avaliação pode ser tripartida em suas funções básicas que são: diagnóstica, formativa e somativa.

A avaliação *diagnóstica* é aquela que se realiza antes do processo de ensino-aprendizagem, verificando os pré-requisitos do aluno; a *formativa* é a avaliação que ocorre durante o processo; a *somativa* é a avaliação final do desempenho do aluno.

Além dessas, os autores indicam outras funções para a avaliação: administrativa, informativa e de orientação.

A *função administrativa*, ou burocrática, fundamenta-se na necessidade de se decidir a classificação dos alunos, num "*continuum*" de posições quanto ao rendimento escolar e, paralelamente, a respeito da promoção ou retenção do aluno, considerando o nível escolar em que se encontra. Esta função, enfim, é a atribuição, a cada aluno, de uma síntese (média ou moda) das "notas" de um determinado período letivo, síntese essa representada por uma única notação numérica ou não. Sabe-se, no entanto, que as "notas" atribuídas não são suficientes para determinar a qualidade e a extensão da aprendizagem.

Outras funções, de sentido mais educativo, informar e orientar, podem e devem ser desenvolvidas no processo de avaliação.

Por *função informativa* entende-se o papel da avaliação como informação dada ao próprio aluno, aos pais e docentes, quanto às facilidades ou dificuldades do educando, a forma e o ritmo de desenvolvimento do processo de aprendizagem, bem como as reações provocadas pelas situações de ensino.

A *função de orientação* é decorrente da função de informação, pois não é possível haver uma sem a outra. A orientação exige que os dados obtidos sejam analisados pelo docente e pelo aluno e interpretados em relação às habilidades, aos interesses, às atitudes, aos hábitos de estudo, ao ajustamento pessoal e social de forma que ambos disponham de informações contínuas e imediatas para uma visão mais ampla e real de suas atuações.

O Quadro 2, a seguir, apresenta os pontos característicos de cada uma dessas funções e algumas fontes de coleta de informações.

QUADRO 2 – *Funções da avaliação*

FUNÇÕES	FINALIDADES	INSTRUMENTOS-TÉCNICAS
Diagnóstica (Informação e Orientação)	– Determinar a presença ou a ausência de pré-requisitos.	– Provas
	– Identificar interesses, possibilidades, outros problemas específicos, tendo em vista a adequação do ensino.	– Observações
	– Identificar dificuldades de aprendizagem e suas possíveis causas.	– Exercícios
Formativa (Informação e Orientação)	– Fornecer *feedback* ao aluno e ao docente durante o desenvolvimento de um programa instrucional.	– Provas
	– Localizar acertos e erros do aluno nas diversas sequências, de modo a incentivar ou corrigir a aprendizagem (recuperação).	– Observações
	– Corrigir deficiências de programas e de materiais.	– Exercícios
Somativa (Administrativa)	– Certificar ou atribuir notas ao aluno.	– Provas
	– Julgar o mérito ou valor de um programa ou da aprendizagem do aluno.	– Observações

Integrar essas funções da avaliação é uma tarefa que requer da escola um esforço contínuo no acompanhamento do processo de ensino-aprendizagem, esforço esse que determina o seu aperfeiçoamento.

Especificamente, quanto à avaliação do rendimento escolar, estudos têm mostrado a necessidade de se avaliar com base em parâmetros de desempenho de cada aluno e não com referência ao desempenho do grupo.

Usam-se termos técnicos para designar essas duas tendências que, a título de facilitar a comparação, são aqui mencionados: avaliação baseada em critérios e avaliação baseada em normas.

A *avaliação baseada em critérios* relaciona o desempenho do aluno com um padrão estabelecido. O que se busca é o alcance dos objetivos, que devem estar bem formulados para permitir o trabalho de avaliação.

A *avaliação baseada em normas* relaciona o desempenho de um aluno com o de outros alunos do mesmo grupo. A finalidade principal deste tipo de avaliação é classificar os alunos, sendo, portanto, mais utilizada em exames de seleção.

Para um processo de avaliação do rendimento escolar, a abordagem mais adequada é a baseada em critérios. A grande vantagem desse tipo de avaliação em relação à de normas é que ela se baseia em parâmetros absolutos, isto é, não compara o aluno com o outro, mas sim seu desempenho com o desempenho desejado. Assim, numa avaliação baseada em critérios, motivam-se os alunos, estimulando-os à recuperação, no momento em que se verificam problemas quanto ao alcance de determinados objetivos.

PARTE B

4 — PLANEJAMENTO DE ENSINO E AVALIAÇÃO DO RENDIMENTO ESCOLAR — UMA SUGESTÃO DE OPERACIONALIZAÇÃO

    4.1 – Passos do planejamento de ensino e avaliação do rendimento escolar

    4.2 – Análise de conhecimentos, habilidades e atitudes

    4.3 – Previsão modular – Planejamento com relação ao tempo

    4.4 – Definição de objetivos gerais e específicos, com determinação de níveis de desempenho

    4.5 – Identificação dos conteúdos para os objetivos

    4.6 – Seleção de estratégias de ensino

    4.7 – Seleção de instrumentos e estratégias de avaliação

    4.8 – Determinação de critérios de avaliação

    4.9 – Exemplificação

4. Planejamento de ensino e avaliação do rendimento escolar — uma sugestão de operacionalização

4.1 – Passos do planejamento de ensino e da avaliação do rendimento escolar

Visando à concretização dos pressupostos aqui sugeridos, apresentamos alguns passos de planejamento de ensino e avaliação do rendimento escolar:

FIGURA 1 – *Passos do planejamento de ensino e avaliação do rendimento escolar*

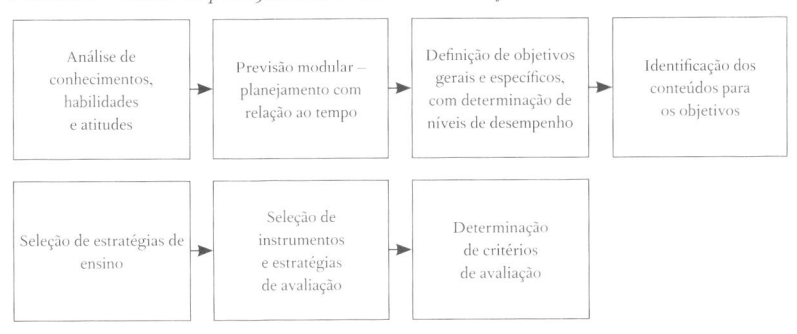

```
[Análise de conhecimentos, habilidades e atitudes] → [Previsão modular – planejamento com relação ao tempo] → [Definição de objetivos gerais e específicos, com determinação de níveis de desempenho] → [Identificação dos conteúdos para os objetivos]

[Seleção de estratégias de ensino] → [Seleção de instrumentos e estratégias de avaliação] → [Determinação de critérios de avaliação]
```

Todo esse fluxo será sistematizado através de dois exemplos, um relativo à parte diversificada (torneiro mecânico) e outro à parte comum (matemática), que se encontram no subitem 4.9. É recomendável que, após a leitura de cada passo, o leitor se reporte a eles para uma visão mais concreta do processo.

Cumpre lembrar, mais uma vez, que os exemplos dados não são modelos a serem seguidos rigidamente, mas simples apoio para as explicações.

4.2 – Análise de conhecimentos, habilidades e atitudes

FINALIDADES

A análise de conhecimentos, habilidades e atitudes é a estruturação hierárquica dos desempenhos necessários ao alcance dos objetivos gerais do curso. Constitui condição essencial para o início do trabalho de planejamento de ensino e avaliação do rendimento escolar.

Para servir como bom instrumento de trabalho, a análise de habilidades, conhecimentos e atitudes deve estar fundamentada em um diagnóstico da realidade onde sejam detectados, além da sequência de aprendizagem, os pré-requisitos necessários à sua realização.

Por outro lado, os objetivos gerais das ocupações e das disciplinas também já devem estar claramente sugeridos nos elementos curriculares e nos conteúdos programáticos para permitir a seleção dos conhecimentos, das habilidades e das atitudes que levam ao desempenho final. Cabe sempre ao docente e à equipe escolar uma postura de análise crítica em relação ao que é veiculado nesses documentos.

Resumidamente, as fases do diagnóstico são:

– análise hierárquica dos conhecimentos, das habilidades e das atitudes necessárias ao alcance dos objetivos finais do curso;
– determinação de uma sequência efetiva de aprendizagem e, através dela, dos pré-requisitos necessários.

Com relação aos conhecimentos e às habilidades, dois critérios norteiam sua ordenação: gradualidade e continuidade.

O *critério de gradualidade* refere-se basicamente ao processo das pequenas etapas. Diz respeito à distribuição adequada, em quantidade e qualidade, dos conhecimentos e das habilidades. Visa a atender às possibilidades de realização do aluno, sendo importante para a definição das unidades de ensino, de modo a desafiá-lo de forma crescente quanto às dificuldades.

O *critério de continuidade* permite o desenvolvimento sequencial e sistemático dos conhecimentos e das habilidades. A continuidade possibilita a formação de uma sequência, em que cada etapa vai se ajustando às anteriores.

Com relação às atitudes, dois tipos são considerados:

– atitudes inerentes ao trabalho;
– atitudes sociais.

Quando se define, por exemplo, que ao fazer uma instalação elétrica o aluno deverá tomar certas precauções – tendo em vista, principalmente, sua segurança pessoal –, entende-se que se esteja referindo a *atitudes inerentes ao trabalho*. Indicadores mais concretos devem ser levantados (uso de equipamentos de proteção, obediência às regras de segurança...) para permitir a observação dessas atitudes e a necessária orientação ao aluno sobre procedimentos corretos, incentivando-o à melhoria.

Entretanto, se a intenção é desenvolver atitudes de bom relacionamento humano, pretende-se algo que envolverá o aluno como indivíduo que vive em sociedade. Nesse caso, tratam-se de atitudes de ordem mais geral denominadas *atitudes sociais*.

As *atitudes inerentes ao trabalho* são mais fáceis de serem trabalhadas e possibilitam o levantamento de indicadores mais precisos e diretos do que os necessários às atitudes sociais.

Indicar quais atitudes devem compor esses dois grandes grupos é tarefa que cabe ao docente e à equipe escolar, em harmonia com as diretrizes gerais da instituição. Nesse sentido, o docente, como educador, deve buscar objetivos relacionados não apenas com a sua área específica, mas também com aqueles voltados para o desenvolvimento do aluno[1]. Para o planejamento de ensino e avaliação do rendimento escolar, as atitudes inerentes ao trabalho receberão um enfoque diferente das atitudes sociais, o que se poderá perceber no decorrer deste documento.

---

1. In: "Subsídios para a elaboração do PIT" – DCP – SENAI-SP, p. 8.

A análise dos conhecimentos, das habilidades e das atitudes permite compreender o perfil desejado do aprendiz. Essa compreensão é de grande importância para o docente, na medida em que dá objetividade ao seu trabalho, permitindo-lhe maior coerência na seleção de conteúdos, estratégias, estabelecimento de critérios de desempenho e formas de avaliação; é importante também para o aluno direcionar melhor seus esforços, na medida em que esteja informado do que dele se espera.

Metodologia

Na parte diversificada do currículo do Curso de Aprendizagem Industrial do Senai-SP, a análise das habilidades encontra-se nos quadros analíticos; os conhecimentos e indicadores de atitudes inerentes ao trabalho estão nas Séries Metódicas Ocupacionais.

Eis, como exemplo, as de habilidades necessárias ao curso de torneiro mecânico, representadas no quadro analítico dessa ocupação.

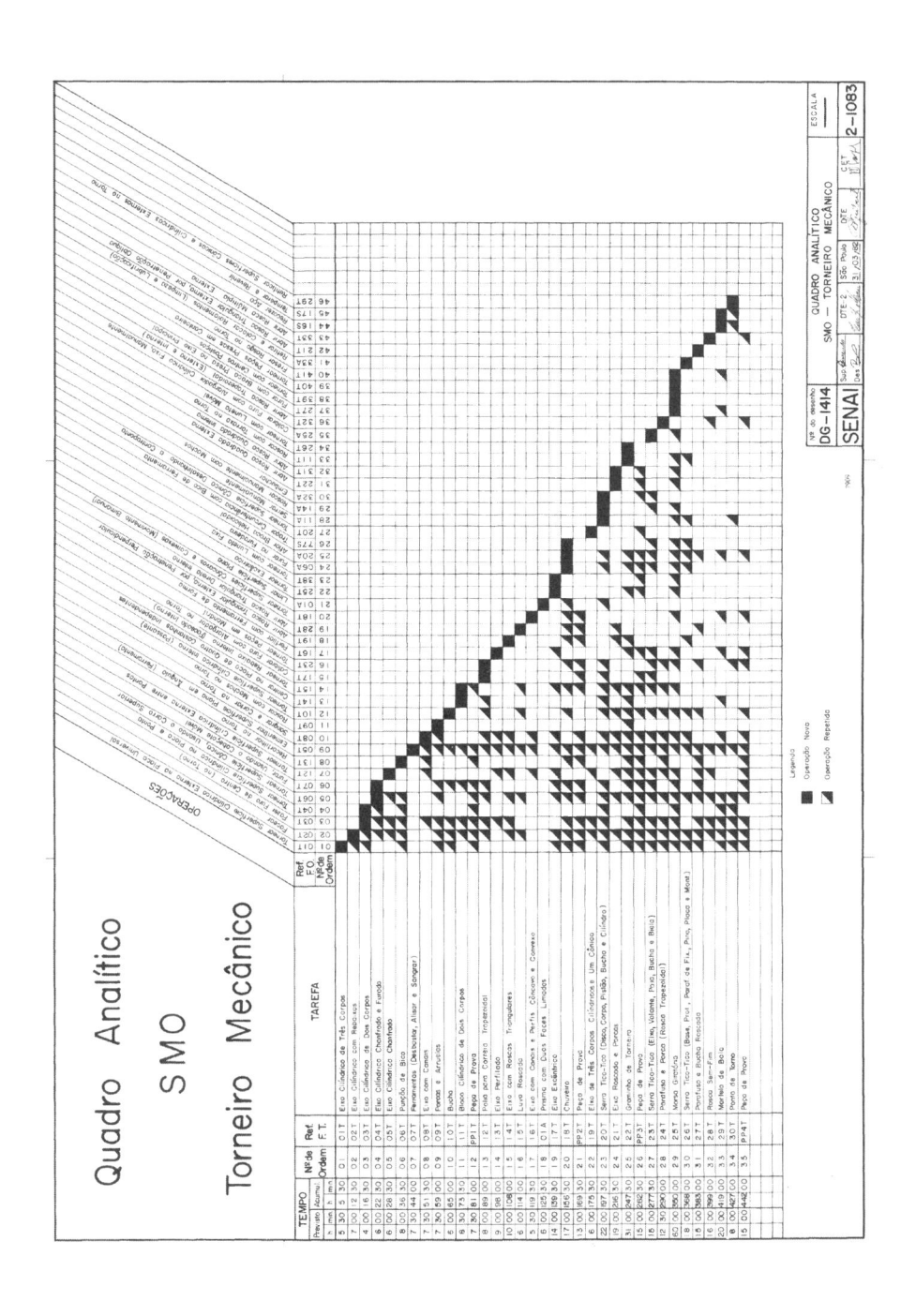

Parte B

Quadro Analítico SMO Torneiro Mecânico

TEMPO Previsto h:min	Nº de Ordem	Ref. F.T.	TAREFA
5:30	0	01T	Eixo Cilindrico de Três Corpos
7:30	02	02T	Eixo Cilindrico com Rebaixos
4:00	03	03T	Eixo Cilindrico de Dois Corpos
6:00	04	04T	Eixo Cilindrico Chanfrado e Furado
6:00	05	05T	Eixo Cilindrico Chanfrado
8:00	06	06T	Função de Bico
7:30	07	07T	Ferramentas (Desbastar, Alisar e Sangrar)
7:30	08	08T	Eixo com Canais
7:30	09	09T	Furação e Arruelas
6:00	10	10T	Bucha Cilindrica de Dois Corpos
7:30	11	11T	Peça de Prova
8:00	12	PP1T	Prisa para Correia Trapezoidal
9:00	13	13T	Eixo Perfilado
10:00	14	14T	Eixo com Roscas Triangulares
6:00	15	15T	Luva Roscada
5:30	16	16T	Eixo com Canais e Perfis Côncavo e Convexo
6:00	17	17T	Prisma com Dois Faces Limadas
17:00	18	19T	Eixo Excêntrico
4:30	19	20T	Chaveta
6:00	20	21T	Peça de Prova
7:30	22	22T	Eixo de Três Corpos Cilindricos e Um Cônico
19:00	23	23T	Serra Tico-Tico (Disco, Corpo, Pistão, Bucha e Cilindro)
31:00	24	24T	Eixo Roscado e Pontas
15:00	25	25T	Graminho de Torneiro
12:30	26	PP3T	Peça de Prova
60:00	28	27T	Serra Tico-Tico (Eixo, Volante, Pivo, Bucha e Bieia)
15:00	29	28T	Pinzilhão e Parca (Rosca Trapezoidal)
60:00	30	29T	Morsa Giratória
15:00	31	30T	Serra Tico-Tico (Base, Pivô, Parof. de Fix., Pino, Pisao e Mont.)
20:00	33	31T	Ponteira e Bucha Roscada
20:00	34	32T	Rosca Sem-Fim
15:00	35	33T	Macho de Baic
		30T	Ponto de Torno
		PP4T	Peça de Prova

Legenda:
■ Operação Nova
◪ Operação Repetida

Nº do desenho: DG-1414
QUADRO ANALITICO
SMO — TORNEIRO MECÂNICO
2-1083
SENAI

Para a ocupação de torneiro mecânico, os docentes já possuem as tarefas, operações e conhecimentos estruturados na sequência, obedecendo a uma ordem crescente de dificuldades. Esses elementos acham-se registrados nas folhas de tarefa (FT), folhas de operações (FO) e folhas de informações tecnológicas (FIT). Os conhecimentos estão compreendidos em dois níveis: mediatos e imediatos.

Os *mediatos* são os conhecimentos que os alunos devem alcançar ao longo do curso, enquanto os *imediatos* são os conhecimentos indispensáveis à realização de cada tarefa. Dessa maneira, o planejamento e a avaliação deveriam considerar principalmente esses últimos, que funcionam como pré-requisitos fundamentais para o desempenho do aluno no curso.

Quanto às atitudes inerentes ao trabalho, é necessário que se definam as que devam ser desenvolvidas, tais como: cuidados com os equipamentos, observação às normas de segurança, zelo pelo material e instrumental ... e se levantem indicadores que permitam inferir se essas atitudes foram ou estão sendo incorporadas.

Em algumas áreas, a análise de conhecimentos, habilidades e atitudes será mais fácil de ser realizada, devido à presença de certas condições básicas, como, por exemplo, a existência de material instrucional. Em outras áreas, este trabalho será mais árduo, embora essencial, uma vez que se constitui em um dos determinantes da qualidade de ensino.

Convém ressaltar, também, que na análise de conhecimentos, habilidades e atitudes, o docente é apenas *um dos envolvidos*. Este trabalho deve ser compartilhado com todas as equipes técnicas da Divisão de Currículos e Programas, principalmente no tocante ao planejamento e à avaliação.

Na *parte comum*, devido às características próprias das disciplinas e à não disponibilidade de uma análise elaborada pela Divisão de Currículos e Programas, cabe ao docente e à equipe escolar participar mais ativamente da análise de conhecimentos, habilidades e atitudes inerentes ao trabalho.

As atitudes inerentes ao trabalho serão diferenciadas conforme a natureza de cada disciplina. Algumas ensejam maior oportunidade de desenvolvimento, como por exemplo: língua portuguesa, ciências e desenho.

Em ciências, indicadores como "cuidado com o equipamento", "precauções por ocasião da realização da experiência" e "zelo com os materiais" podem possibilitar a inferência da incorporação dessas atitudes. Na definição de atitudes inerentes ao trabalho deve ser levada em conta sua pertinência em relação à disciplina, evitando-se a mera indicação formal.

Tanto na parte diversificada quanto na parte comum, a definição de atitudes inerentes ao trabalho poderá dar ao docente alguns critérios *qualitativos* para a sua avaliação.

A seguir, um exemplo de análise parcial de conhecimentos para matemática. Note-se que esta unidade não proporcionou o levantamento de atitudes inerentes ao trabalho.

REGRA DE TRÊS SIMPLES E PORCENTAGEM
(*Unidade hipotética de matemática*)

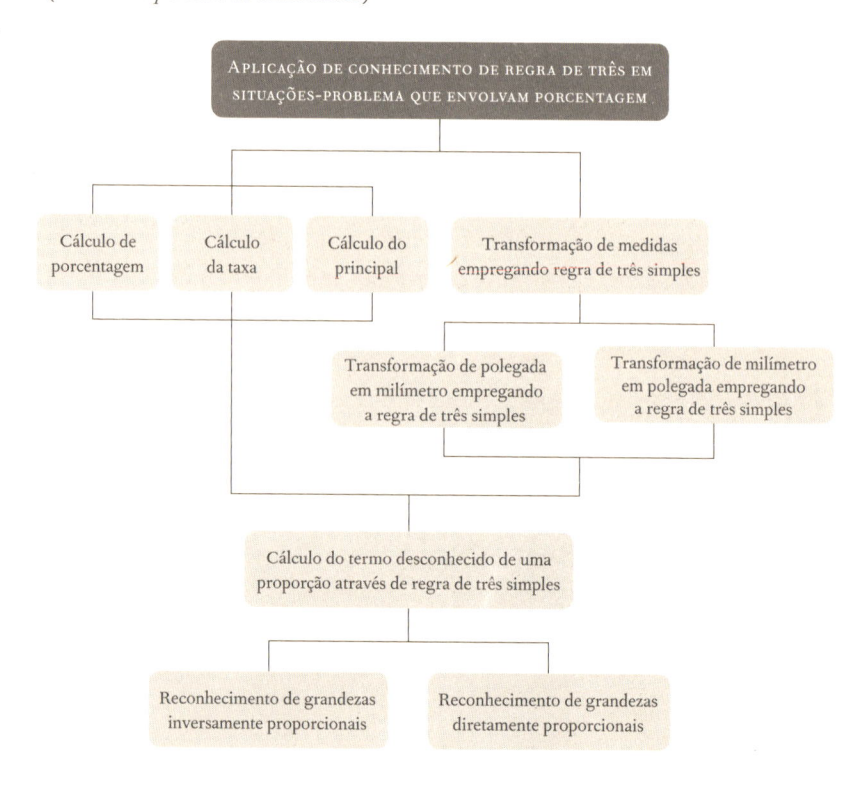

```
┌─────────────────────────────────────────────┐
│ APLICAÇÃO DE CONHECIMENTO DE REGRA DE TRÊS EM │
│ SITUAÇÕES-PROBLEMA QUE ENVOLVAM PORCENTAGEM │
└─────────────────────────────────────────────┘
```

- Cálculo de porcentagem
- Cálculo da taxa
- Cálculo do principal
- Transformação de medidas empregando regra de três simples
  - Transformação de polegada em milímetro empregando a regra de três simples
  - Transformação de milímetro em polegada empregando a regra de três simples

Cálculo do termo desconhecido de uma proporção através de regra de três simples

- Reconhecimento de grandezas inversamente proporcionais
- Reconhecimento de grandezas diretamente proporcionais

4.3 – *Previsão modular – Planejamento com relação ao tempo*

FINALIDADES

Caracterizados os conhecimentos, as habilidades e as atitudes que deverão ser desenvolvidos no curso, o docente deve considerar a carga horária disponível para efetivar seu trabalho.

Essa consideração requer do docente habilidade para adequar as exigências do programa à carga horária prevista. Isso pode ser feito a partir dos temas indicados nos elementos curriculares de cada disciplinar os quais são delimitados pelo docente através dos objetivos.

Um procedimento que pode facilitar a distribuição das atividades pelo tempo é a *previsão modular*.

Módulo pode ser definido como uma unidade, ou seja, o conjunto de conteúdos significativos que se pretende desenvolver.

A ideia de módulo ou unidade permite ao docente uma visão global dos conteúdos das subunidades que o compõem.

Na parte diversificada, os módulos (unidades) são representados pelas tarefas e as subunidades pelas operações e conhecimentos tecnológicos.

Na parte comum, por exemplo, um módulo poderia ser "noções gerais sobre a matéria" e suas subunidades "estrutura, propriedades gerais e estados físicos".

A ideia de previsão modular, vista como uma distribuição de conteúdos significativos pelo tempo disponível, apresenta algumas vantagens.

A primeira delas é propiciar oportunidade de acompanhamento constante das atividades através de avaliações, *não necessariamente formais*, que ocorrem durante e ao final de cada módulo.

Outra vantagem seria a possibilidade de reformulações durante o processo, sem comprometimento do planejamento como um todo. Pode-se ressaltar, ainda, a importância das "aulas-reserva" que servirão, no início, para discussão do programa, diagnóstico de dificuldades relativas a pré-requisitos ou outras sondagens necessárias e, no final, elas teriam o valor de conferir maleabilidade ao planejamento, oferecendo margem de segurança para compensações de aulas e propiciando um momento útil de recuperação, avaliação global e discussão dos resultados.

É importante que o docente e a equipe escolar vejam a previsão modular, não como um elemento de controle administrativo, mas um meio necessário de racionalização do tempo e, consequentemente, de aperfeiçoamento da atuação didático-pedagógica, visando ao replanejamento.

Cumpre salientar, ainda, que muitas variáveis interferem no cumprimento da previsão modular e dizem respeito, quase sempre, a problemas de pré-requisitos, classes numerosas e heterogêneas, características dos alunos, extensão do programa, excesso de expectativas, entre outros.

METODOLOGIA

Na *parte diversificada*, a distribuição da carga horária diz respeito ao tempo reservado ao desenvolvimento de tarefas, operações e conhecimentos tecnológicos do Curso, que se encontram nos Conteúdos Programáticos, quadros analíticos e séries metódicas de oficinas.

A seguir um exemplo de distribuição de tempo para a SMO de Ajustador Mecânico do 2º Termo do Curso de Aprendizagem Industrial (CAI).

CFP		PREVISÃO MODULAR																												
		OCUPAÇÃO	*Ajustador Mecânico*			TERMO	2º			TURMA			SEM/ANO	1º/1984																
TAREFAS (MÓDULOS)	PREPARAÇÃO	18 A				PP 3A				19 A				20 A					21 A											
TEMPO PREVISTO		8h00				8h30min				38h00				22h00					35h30min					...						
TEMPO MÉDIO GASTO																														
DIAS LETIVOS	1	4	6	7	8	11	12	13	14	18	20	22	23	24	26	27	28	29	1	4	5	6	7	8	11	12	13	14	16	
SEMANAS	1ª		2ª				3ª				4ª				5ª				6ª				7ª				8ª				
MESES		FEVEREIRO															MARÇO...														
DIAS LETIVOS																														

Na parte comum, a distribuição da carga horária diz respeito ao tempo reservado ao desenvolvimento das unidades e subunidades, sendo que o docente tem como referência os elementos curriculares e conteúdos programáticos.

A seguir, uma sugestão de distribuição de unidades e subunidades para matemática.

DISCIPLINA	DOCENTE		
Turma	Semestre-ano		
UNIDADES (Módulos)	SUBUNIDADES	N° DE AULAS	MÊS

Razão e proporção	Aula Reserva
	Aula Reserva
	1 Razão
	  1.1 Conceito
	  1.2 Termos
	2 Proporção
	  2.1 Conceito
	  2.2 Termos
	  2.3 Propriedade fundamental
	  2.4 Cálculo do termo desconhecido
	Aula Reserva
	Aula Reserva
	Avaliação		

Regra de três simples	3 Grandezas diretamente proporcionais
	  3.1 Conceito
	  3.2 Propriedade
	4 Grandezas inversamente proporcionais
	  4.1 Conceito
	  4.2 Propriedade
	5 Regra de três simples
	  5.1 Conceito
	  5.2 Técnica de resolução de problemas
	Aula Reserva
	Aula Reserva
	Avaliação		

Porcentagem (Percentagem)	6 Conceito
	7 Elementos
	  7.1 Principal
	  7.2 Taxa percentual
	8 Aplicação
	Aula Reserva
	Avaliação		

Raiz quadrada	9 Conceito
	10 Extração
	  10.1 Por falta
	  10.2 Por excesso
	11 Técnica de extração
	  11.1 Raiz quadrada exata
	  11.2 Raiz quadrada não exata (aproximada)
	  11.3 Raiz quadrada de n^{os} decimais
	Aula Reserva
	Aula Reserva
	Avaliação		

Figuras geométricas	12 Figuras geométricas planas
	  12.1 Conceito
	  12.2 Tipos (polígonos)
	    12.2.1 Elementos
	13 Figuras geométricas espaciais
	  13.1 Conceito
	  13.2 Tipos (sólidos)
	    13.2.1 Elementos
	Aula Reserva
	Avaliação		

4.4 – Definição de objetivos gerais e específicos, com determinação de níveis de desempenho

Uma vez que existem três níveis de planejamento (educacional, curricular e de ensino) é preciso pensar nos objetivos considerando, também, esses níveis.

No planejamento *educacional*, da instituição como um todo, os objetivos voltam-se para fins educacionais amplos, visando ao desenvolvimento da personalidade integral do aluno.

Em nível de *planejamento curricular*, os objetivos são voltados para a totalidade de experiências do aluno na escola e dizem respeito tanto aos desempenhos finais dos diferentes cursos e disciplinas como às atividades educacionais complementares.

No *planejamento de ensino*, baseado nos objetivos oriundos dos demais níveis (educacional e curricular), o docente deve refletir sobre os objetivos das unidades e subunidades que compõem o curso ou disciplina.

Desta forma, o docente deve atentar cuidadosamente para a definição de objetivos gerais e específicos.

Um *objetivo geral* deve fornecer a indicação precisa do desempenho final desejado para o curso ou disciplina, bem como dos desempenhos finais das unidades.

Um *objetivo específico* deve ser a descrição clara e concisa dos conhecimentos e habilidades a serem atingidos pelos alunos para alcance dos objetivos gerais. Deve, ainda, servir para orientar o docente na seleção de conteúdos, estratégias de ensino e no levantamento de indicadores de atitudes inerentes ao trabalho.

Na definição dos objetivos deve ser preservada a ideia de que o aluno é um todo indissociável que engloba, integradamente, cognição, atitudes e habilidades.

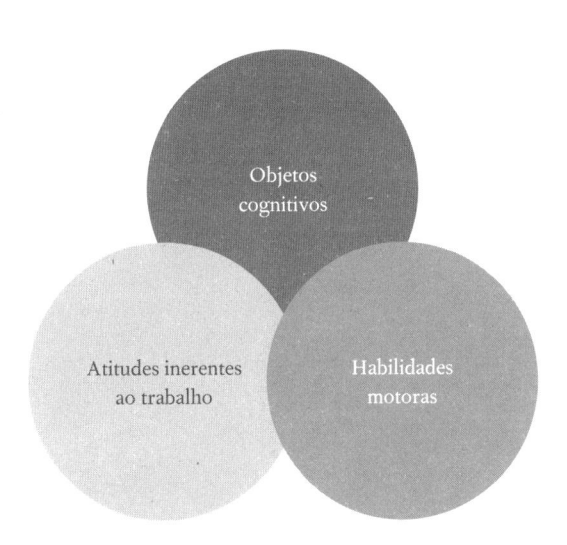

[Diagrama: três círculos sobrepostos rotulados "Objetos cognitivos", "Atitudes inerentes ao trabalho" e "Habilidades motoras".]

Assim, quando o docente define um objetivo, por exemplo, o de utilizar o paquímetro, além dos conhecimentos tecnológicos necessários e das habilidades de manuseio do instrumento, deve levantar também os indicadores que permitam inferir o desenvolvimento da atitude inerente ao trabalho, no caso, o cuidado com o instrumental. Neste exemplo, talvez se possa dizer que, se o aluno exerce pressão suave no contato do paquímetro com a peça, estará desenvolvendo a atitude pretendida.

Considerando que as habilidades motoras e as atitudes inerentes ao trabalho requerem conhecimentos e precisam de tempo e prática para serem desenvolvidas, um procedimento válido é considerá-las como critérios de avaliação. Isto pode auxiliar tanto o docente como o próprio aluno. Auxilia o docente que, acompanhando o desempenho do aluno, pode, a partir dos indicadores de habilidades e atitudes, verificar quais os aspectos que devem ser promovidos. Auxilia o aluno porque, sabedor dos critérios pelos quais será avaliado, pode melhorar seu desempenho e recorrer ao docente sempre que for preciso.

Para a elaboração dos objetivos específicos, o docente deve considerar os diversos componentes do desempenho global desejado. Outra preocupação deve ser a de redigir objetivos de forma clara e precisa.

Diversos autores têm se preocupado com a forma de especificar objetivos e estruturá-los hierarquicamente, em *níveis* ou *categorias de desempenho* em termos de conhecimentos e habilidades. Não há qualquer preocupação em seguir, rigorosamente, alguns desses autores; busca-se, somente, aproveitar ideias fundamentais para a definição dos objetivos específicos. Uma dessas ideias é a de que a redação dos objetivos específicos para a área cognitiva e de habilidades motoras deve abranger as dimensões de extensão e profundidade.

A *extensão* delimita o conteúdo a ser trabalhado. A *profundidade* diz respeito aos níveis de desempenho a serem atingidos. A dimensão profundidade contida no objetivo deve orientar o docente na forma de condução e avaliação da aprendizagem.

No exemplo *identificar o triângulo retângulo entre figuras geométricas*:

— o conteúdo da aprendizagem "figuras geométricas" está delimitado, em sua *extensão*, ao triângulo retângulo;
— a *profundidade* da aprendizagem diz respeito ao nível de desempenho do aluno. No exemplo, o nível é de conhecimento.

Pode-se perceber que esse objetivo, embora bem especificado, dá margem a uma organização variada de estratégias de ensino e propicia flexibilidade para a elaboração de itens de teste, o que não aconteceria com um objetivo assim: dados desenhos *de figuras geométricas, o aluno deverá assinalar com um "x" o triângulo retângulo*.

Os objetivos definidos como no primeiro exemplo atendem melhor às necessidades de planejamento, sem entretanto limitar a ação do docente ou tornar mecânica a atividade do aluno. Objetivos assim formulados servem como linha mestra ao planejamento e à avaliação por indicarem, em conjunto, conhecimentos e habilidades, dando direção para o estabelecimento de critérios necessários a um efetivo julgamento de valor, com base nos parâmetros que mostram o desempenho do aluno.

No exemplo *tornear superfície cilíndrica*:

— a *extensão* da aprendizagem diz respeito à execução dos passos de tornear superfície cilíndrica;
— a *profundidade* da aprendizagem diz respeito ao nível de desempenho do aluno. No exemplo, o nível é de aplicação.

Finalizando, ressalte-se a importância de detectar o nível de desempenho pretendido. Algumas ideias de Bloom e outros no tocante ao campo cognitivo serviram de base para a definição desses níveis. Para esses autores, a função do processo de ensino-aprendizagem é dar condições ao aluno para atingir níveis mais altos de raciocínio, que lhe proporcionem mais autonomia e participação crítica.

O gráfico, a seguir, mostra os níveis de desempenho propostos associados ao nível de autonomia e capacidade crítica.

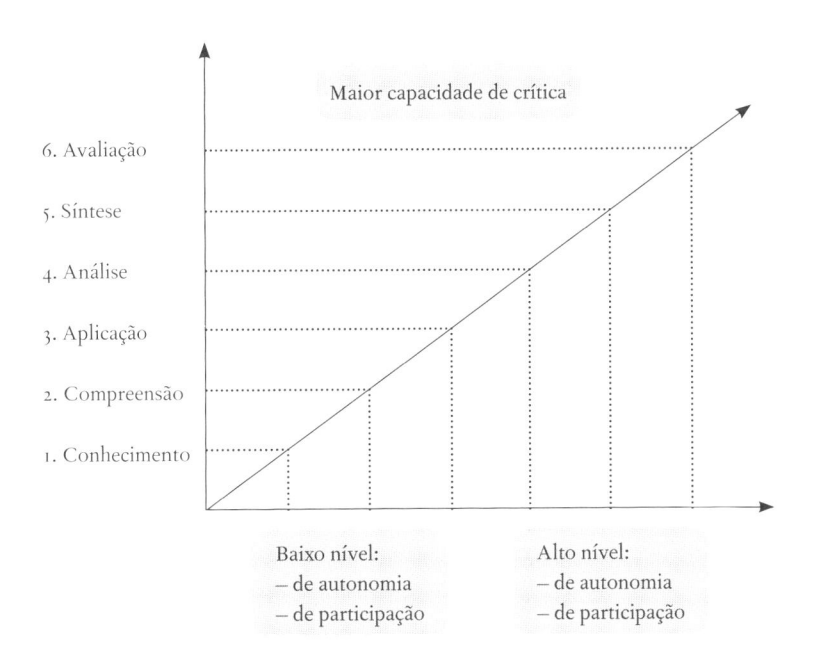

Maior capacidade de crítica

6. Avaliação
5. Síntese
4. Análise
3. Aplicação
2. Compreensão
1. Conhecimento

Baixo nível:
– de autonomia
– de participação

Alto nível:
– de autonomia
– de participação

Pela leitura do gráfico pode-se perceber que quanto mais alto o nível de desempenho atingido, maior a autonomia, a participação e a capacidade crítica. Assim, no processo de ensino-aprendizagem é fundamental que sempre se desenvolvam níveis de desempenho mais altos.

Segue-se uma descrição sucinta de cada um deles.

- *Conhecimento* é o nível inicial de desempenho. Refere-se à capacidade de memorizar, de recordar – sob a forma de identificação ou evocação – ideias, conteúdos, fenômenos, datas, fatos específicos, além de formas e meios de tratar esses fatos.
- *Compreensão* inclui o conhecimento. É a capacidade de empregar as informações adquiridas, de captar o significado dos conteúdos dos fenômenos e dos fatos.
- *Aplicação* é o nível que supõe que o aluno, a partir da compreensão de certos conhecimentos, aplique, teórica ou praticamente, em situações novas ou concretas, o que foi aprendido.
- *Análise* é a capacidade de decompor um todo em partes significativas. Envolve os níveis anteriores: conhecimento, compreensão e aplicação.
- *Síntese* é a capacidade de juntar as partes para formar um todo novo. Está diretamente ligada à criatividade, uma vez que se pode chegar à síntese por diversas formas.
- *Avaliação* é o nível mais alto de desempenho, sendo impossível alcançá-lo sem o desenvolvimento dos outros. É a capacidade de julgar o valor dos conteúdos, fatos e fenômenos. O aluno, através desse nível, chega à maior autonomia, participação e capacidade crítica.

Na prática, muitas vezes é difícil precisar os limites entre os níveis de desempenho. Assim, a maior preocupação do docente não deve ser a de distinguir rigorosamente um nível de outro, mas sim a de buscar, sempre que possível, desempenhos mais complexos e criativos por parte do aluno.

Quanto ao domínio psicomotor, diretamente ligado às habilidades manuais da parte diversificada e a algumas disciplinas da parte comum, propõe-se os níveis de desempenho do gráfico a seguir.

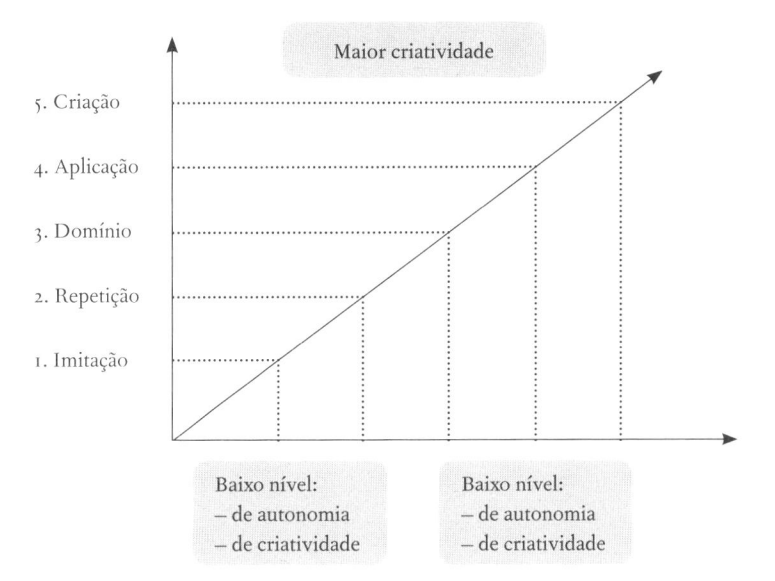

```
                    Maior criatividade

5. Criação   ..................................
4. Aplicação ..............................
3. Domínio   ........................
2. Repetição ................
1. Imitação  .........

       Baixo nível:              Baixo nível:
       – de autonomia            – de autonomia
       – de criatividade         – de criatividade
```

Imitação – O aluno reproduz cada passo de uma habilidade, enquanto segue um modelo e recebe assistência direta.

Repetição – O aluno pratica uma habilidade com assistência, enquanto evolui para um desempenho sem ela.

Domínio – O aluno executa uma habilidade, em situações específicas, com precisão e velocidade adequadas.

Aplicação – O aluno executa a habilidade, independentemente, numa variedade de situações, com precisão e velocidade adequadas.

Criação – O aluno modifica, adapta ou introduz novos elementos a uma habilidade previamente adquirida.

No desenvolvimento das habilidades manuais, o docente deve ter sempre em mente que os níveis de desempenho indicam um caminho de aprendizagem pelo qual o aluno deve ser conduzido, buscando-se sempre níveis mais altos de autonomia.

Não é necessário definir formalmente esses níveis, na fase de planejamento, uma vez que eles fazem parte do próprio processo de ensino-aprendizagem do SENAI.

Dessa forma, à medida que o aluno avança nas Séries Metódicas Ocupacionais, *aplica* as habilidades aprendidas, culminando esse processo em nível de criatividade, na realização dos trabalhos industriais.

METODOLOGIA

No âmbito da *parte diversificada*, os objetivos gerais indicam o desempenho do aluno nas tarefas propostas para as diferentes ocupações. Além desses, é necessário ainda definir os *objetivos específicos*, que dizem respeito às operações e podem ser distribuídos nos seguintes campos:

- conhecimentos tecnológicos, principalmente os de aplicação imediata, relativos às operações;
- planejamento para a execução das operações;
- execução das operações propriamente dita.

É importante que, em relação a esses três campos, o docente deve definir os objetivos dimensionando-os de modo a atender ao perfil profissional desejado para a ocupação. Assim, evita-se formar um aluno com muito conhecimento tecnológico, mas que não saiba executar a tarefa ou vice-versa.

O docente, neste momento, deve considerar também indicadores de atitudes inerentes ao trabalho e de algumas habilidades, que servirão como critérios de avaliação.

A ideia de pensar em conhecimentos tecnológicos, planejamento e execução das operações e indicadores para as atitudes inerentes ao trabalho, deve nortear todo o curso, de modo a permitir uniformidade de critérios de planejamento e de avaliação.

Um exemplo da estruturação do curso é apresentado a seguir.

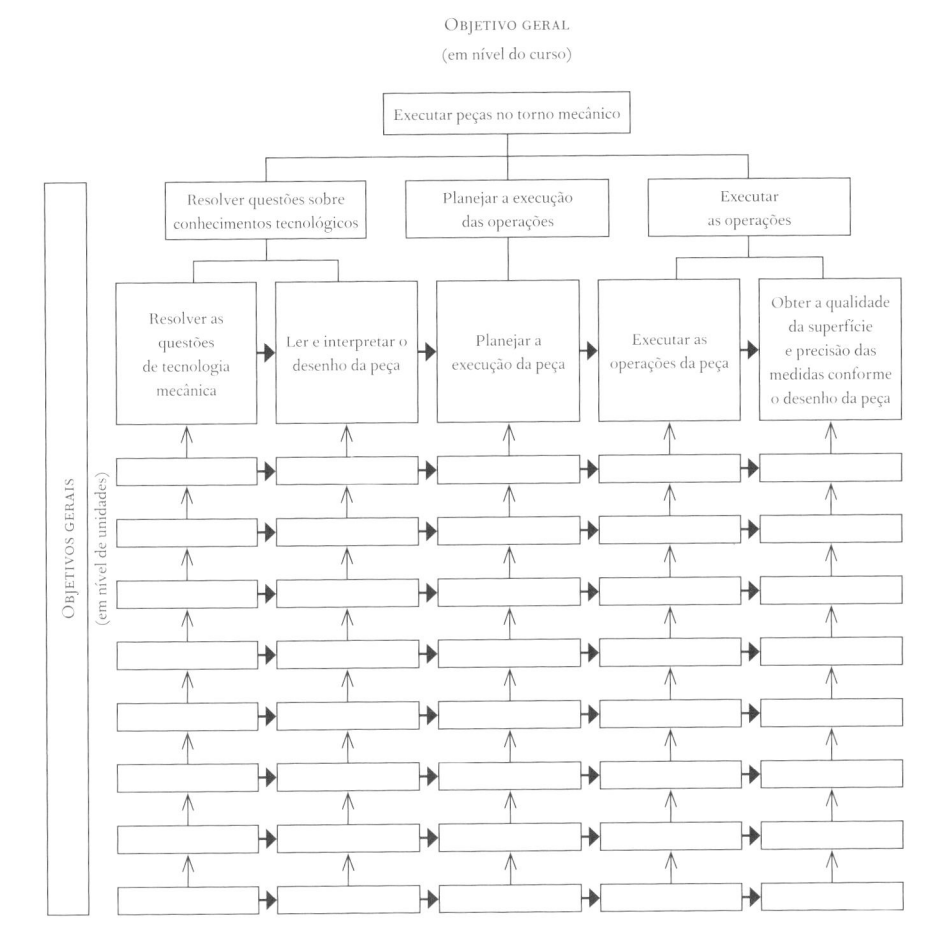

Parte B

OBJETIVO GERAL
(em nível do curso)

Executar peças no torno mecânico

- Resolver questões sobre conhecimentos tecnológicos
- Planejar a execução das operações
- Executar as operações

- Resolver as questões de tecnologia mecânica
- Ler e interpretar o desenho da peça
- Planejar a execução da peça
- Executar as operações da peça
- Obter a qualidade da superfície e precisão das medidas conforme o desenho da peça

OBJETIVOS GERAIS (em nível de unidades)

A seguir exemplos de objetivos para a tarefa (módulo ou unidade) *eixo cilíndrico de três corpos*, do curso de torneiro mecânico.

O *objetivo geral* poderia ser: executar o eixo cilíndrico de três corpos.

Os *objetivos específicos* poderiam ser:

– Utilizar régua graduada. *(Aplicação)*
– Medir, com o paquímetro, em décimos de milímetro. *(Aplicação)*
– Reconhecer, no desenho técnico, as vistas, os elementos do sistema de cotagem e a escala em que foi feito. *(Compreensão)*

- Descrever a ordem de execução da peça, do começo ao fim. *(Aplicação)*
- Tornear superfície cilíndrica, na sequência correta de passos. *(Aplicação)*
- Reproduzir, na peça, as medidas indicadas no desenho. *(Aplicação)*
- Obter acabamento de superfície, conforme desenho. *(Aplicação)*
- Executar a peça no tempo previsto. *(Aplicação)*

Na parte comum, para a unidade regra de três simples e porcentagem, da disciplina de matemática, o objetivo geral poderia ser:

- Aplicar conhecimentos de regra de três simples em situações-problema que envolvam porcentagem.

Os *objetivos específicos*, por sua vez, poderiam ser:

- Diferenciar grandezas diretamente proporcionais de grandezas inversamente proporcionais. *(Compreensão)*
- Calcular o termo desconhecido de uma proporção através de regra de três simples. *(Aplicação)*
- Transformar milímetro em polegada empregando regra de três simples. *(Aplicação)*
- Transformar polegada em milímetro empregando regra de três simples. *(Aplicação)*
- Transformar medidas empregando regra de três simples. *(Aplicação)*
- Calcular a porcentagem. *(Aplicação)*
- Calcular a taxa. *(Aplicação)*
- Calcular o principal. *(Aplicação)*

4.5 – Identificação dos conteúdos para os objetivos

FINALIDADES

Após a definição dos objetivos, é necessário identificar os conteúdos, ou seja, conjuntos de conhecimentos que permitam o alcance dos objetivos pelo aluno. Quanto mais profundo for o conhecimento do aluno, maiores possibilidades ele terá de lidar com sua realidade, analisando-a criticamente e vivenciando-a conscientemente. Portanto, os conteúdos devem ser definidos a partir de certos critérios.

Ao definir os conteúdos é necessário verificar se eles:

— são os mais significativos dentro do campo de conhecimento do curso ou disciplina;
— estão ordenados sequencial e organicamente;
— são adequados ao nível de maturidade do aluno, sendo-lhe úteis e funcionais em relação às suas experiências concretas;
— têm valor social.

Cabe, assim, ao docente e à equipe escolar transformar os conteúdos oficiais estáticos, previstos nos elementos curriculares ou conteúdos programáticos, em conteúdos que ganhem vida no dia a dia do processo de ensino-aprendizagem. Trata-se de uma tarefa desafiante em decorrência, principalmente, da natureza dinâmica do conteúdo, das necessidades e interesses dos alunos e das restrições de tempo (carga horária, dias letivos).

Por sua *natureza dinâmica*, o conteúdo requer uma contínua atualização, exigindo o relacionamento do que já existe com o que surge de novo.

As *necessidades* e os *interesses* dos alunos devem ser respeitados, principalmente porque, se atendidos, constituirão fortes componentes motivacionais da aprendizagem.

A *carga horária* e os *dias letivos* funcionam como elementos limitadores, porém são dados da realidade e como tal devem ser considerados.

São necessárias algumas ações, por parte do docente e da equipe escolar, para concretizar a aplicação dos critérios já mencionados:

— analisar periodicamente os conteúdos, questionando sua adequação e significado, o que permite uma atualização constante;
— recorrer ao diagnóstico da clientela, o que permite detectar as necessidades e interesses do aluno. No Senai-SP, um dos recursos que pode ser utilizado como fonte de indicadores de aspectos biológicos, psicológicos e culturais do aluno é a caracterização da nova população escolar, realizada pelos orientadores educacionais, assistentes sociais e auxiliares de enfermagem.

Diversas são as fontes de conteúdo. Nos elementos curriculares e nos conteúdos programáticos, o docente encontra os conteúdos previstos para as habilitações e ocupações decorrentes das análises ocupacionais e dos levantamentos realizados por especialistas e docentes do Senai-SP.

Os materiais instrucionais, livros e apostilas são outra fonte de conteúdo que, se utilizados convenientemente, ou seja, explorados em seus aspectos positivos e evitados em seus aspectos negativos, podem auxiliar o docente em sua tarefa de veicular os conhecimentos.

Em nível de sala de aula, o docente representa para o aluno uma das principais fontes de conteúdo, devendo, portanto, buscar constante atualização de seus conhecimentos.

Metodologia

Na *parte diversificada*, em algumas áreas, o conteúdo está presente nas Séries Metódicas Ocupacionais, caracterizado pelas folhas de informações tecnológicas (fit). Porém, apesar deste trabalho já estar bastante estruturado, seria conveniente que o docente se posicionasse criticamente frente a esses conteúdos, buscando formas de atualizá-los, reajustá-los às necessidades do aluno, enfim, situando-se, também, como fonte de conteúdo.

A seguir, exemplos dos conteúdos para a unidade (tarefa): *Eixo cilíndrico de três corpos* do curso torneiro mecânico.

Para o objetivo específico "medir com paquímetro em décimos de milímetro" (conhecimento), o conteúdo poderia ser:

– nomenclatura (Vernier, cursor etc.);
– leitura (décimos de milímetro).

Já para "reconhecer no desenho técnico as vistas, os elementos do sistema de cotagem e a escala em que foi feito" (compreensão), sugerimos os conteúdos: o objetivo específico "medir com paquímetro em décimos de milímetro" (aplicação), o conteúdo poderia ser:

– vista (elevação, planta lateral);
– sistema de cotagem, linhas de extensão etc;
– escala (natural, redução, ampliação).

Na *parte comum*, a unidade de matemática "regra de três simples e porcentagem" poderia ter para o objetivo específico "diferenciar grandezas diretamente proporcionais de grandezas inversamente proporcionais" (compreensão) os seguintes conteúdos:

– conceito de grandezas diretamente proporcionais;
– conceito de grandezas inversamente proporcionais.

Já para o objetivo específico "calcular a taxa" (aplicação), os conteúdos mais apropriados seriam:

– conceito de taxa;
– determinação da taxa através da regra de três simples.

4.6 – Seleção de estratégias de ensino

FINALIDADES

Em situações de aprendizagem, é importante analisar o papel docente de facilitador e orientador do ensino e das estratégias que o auxiliarão em sua tarefa.

O docente, enquanto principal agente do processo de aprendizagem, deve ter em vista alguns procedimentos, tais como:

- propiciar discussões quanto aos conhecimentos, habilidades e atitudes a serem desenvolvidos;
- orientar constantemente o aluno, evidenciando os seus sucessos e incentivando-o na busca de melhoria em desempenhos considerados insatisfatórios;
- orientar objetivamente as experiências e situações-problema, visando a novas soluções, extrapolação e transferência de aprendizagem;
- fundamentar os conceitos com objetos e fatos relevantes;
- colocar o aluno em situações novas e estimuladoras;
- ampliar seu domínio nos assuntos relativos à sua disciplina ou ocupação;
- promover relações democráticas no ambiente de trabalho.

Cabe ao docente selecionar suas estratégias de acordo com os recursos da escola e até com seu estilo pessoal, sempre visando ao nível de aprendizagem pretendido.

Existem diferentes tipos de estratégias. Umas são mais adequadas ao ensino individualizado, tais como demonstrações individuais e fascículos autoinstrutivos. Outras são mais condizentes com um processo de dinamização de grupo, tais como seminários e debates. A combinação de estratégias pode levar a uma aprendizagem mais dinâmica e eficiente.

Um dos requisitos básicos das estratégias é que elas devem proporcionar ao aluno oportunidades de vivenciar os conteúdos veiculados.

Desta forma, se o objetivo é que o aluno *interprete mapas*, a estratégia selecionada deve ser aquela que leve a esse desempenho, ou seja, à pesquisa em mapas.

Não existem fórmulas prontas para a seleção de estratégias. O valor de uma estratégia está diretamente relacionado às possibilidades de facilitar o alcance dos objetivos. Assim, a seleção de estratégias supõe uma análise cuidadosa dos objetivos e também da disponibilidade de recursos.

A seguir, algumas estratégias:

— *Exposição* é geralmente utilizada para introduzir um tema novo, incentivar os alunos a estudar, fornecer uma base compreensiva ao trabalho, dar uma visão global do assunto e esclarecer conceitos. Se feita em forma dialogada entre docente e aluno, pode ser extremamente valiosa.
— *Estudo dirigido* é uma estratégia pela qual os alunos trabalham individualmente ou em grupo, seguindo um roteiro básico sempre com a supervisão do docente, de modo a auxiliá-los na superação de dificuldades de compreensão do trabalho.
— *Arguição didática* visa a orientar o raciocínio do aluno por meio de perguntas, a fim de levá-lo à solução de um problema ou a algum conhecimento específico, por seu próprio modo de pensar.
— *Trabalho em grupo* visa ao desenvolvimento de algumas atitudes que favoreçam o convívio social. Permite ao aluno a participação conjunta na resolução de problemas e o desempenho de alguns papéis, como por exemplo, o de liderança. Existem diversas formas de trabalho em grupo, cabendo ao docente a escolha das mais adequadas aos objetivos.
— *Recursos visuais* auxiliam os alunos a melhor compreenderem os conceitos. Os mais comuns são: globos, mapas, cartazes, murais, álbuns seriados, materiais impressos como jornais, revistas, livros, folhetos etc. Existem, ainda, recursos audiovisuais, como filmes super 8, programas gravados em vídeo etc.

– *Dramatização* é a representação cênica de uma situação. Cada participante da cena desempenha seu papel procurando copiar a realidade que está sendo dramatizada. Os demais membros do grupo assistem à representação para posteriores discussões.

Além das estratégias, existem recursos didáticos que no S<small>ENAI</small>-SP são representados pelos materiais instrucionais – fascículos, Séries Metódicas Ocupacionais e livros – os quais funcionam como excelentes auxiliares do docente. Nesse sentido, eles devem ser considerados apenas *como meios para o desenvolvimento de ensino e promoção da aprendizagem e não como fim em si mesmos.*

Assim, de acordo com as situações específicas da sua realidade, o docente poderá fazer acréscimos, eliminações, alterações de sequência etc. que não prejudiquem o alcance dos objetivos estabelecidos pelos órgãos técnicos da instituição.

Cumpre ressaltar que as estratégias e a utilização dos recursos constituem sugestões e, portanto, sua seleção depende de uma série de peculiaridades da clientela, da escola e do próprio docente, devendo haver sempre consideração pela sua liberdade de escolha.

M<small>ETODOLOGIA</small>

Na parte diversificada devem-se considerar as estratégias segundo duas perspectivas: aquelas relativas aos conhecimentos teóricos, desenvolvidos, geralmente, em sala de aula e aquelas relativas à prática de execução das tarefas, desenvolvida nas oficinas.

Assim, para conhecimentos tecnológicos como nomenclatura e características do torno, sugere-se a explicação do professor e leitura pelo aluno das folhas de informações tecnológicas (<small>FIT</small>), discussão dos conteúdos referentes a estas folhas e o uso dos recursos audiovisuais. Com relação à parte prática, desenvolvida nas oficinas, a demonstração e o manuseio do torno e arguição oral são estratégias adequadas ao desempenho das habilidades pretendidas.

Na *parte comum*, as estratégias para a unidade de matemática sugerida – regra de três simples – seriam a exposição oral e o estudo dirigido.

4.7 – Seleção de instrumentos e estratégias de avaliação

FINALIDADES

A seleção de instrumentos e estratégias de avaliação depende diretamente do que vai ser avaliado. *É importante enfatizar que não somente a prova avalia, mas também exercícios, trabalhos de pesquisa, observações sistemáticas, trabalhos em grupo etc.* Cabe ao docente escolher múltiplas estratégias de avaliação, oferecendo ao aluno oportunidade de recuperar seu desempenho, após avaliações contínuas (formais ou informais) dos objetivos das unidades e subunidades.

Os instrumentos e estratégias de avaliação devem estar adequados aos níveis de desempenho determinados para as habilidades, conhecimentos e atitudes a serem avaliados. Assim, para o objetivo de tornar superfície cilíndrica, cujo nível de desempenho é a aplicação, a estratégia mais adequada para avaliar o aluno é a *observação*.

METODOLOGIA

Na *parte diversificada*, o docente pode utilizar, na sala de aula, questionários e provas orais e escritas. Na oficina, a estratégia mais adequada para avaliar o desempenho do aluno é a observação. Para realizar uma boa observação, o docente deve-se basear nos critérios determinados para os conhecimentos, as habilidades e atitudes estabelecidos em seu planejamento.

Nas disciplinas da *parte comum*, os instrumentos usados com maior frequência para avaliar conhecimentos são provas orais ou escritas, o que não invalida a utilização das outras formas, como trabalhos de pesquisa, arguições etc.

4.8 – Determinação de critérios de avaliação

Finalidades

Na avaliação a determinação de critérios é fundamental. Estabelecer critérios é especificar um padrão para considerar se o desempenho do aluno foi satisfatório ou não.

Os critérios constituem parâmetros básicos para efetuar a avaliação e são de duas naturezas: a primeira é *qualitativa* e se refere às atitudes inerentes ao trabalho, às habilidades motoras, ao nível e à abrangência da aprendizagem (nesse caso, são critérios diretamente ligados à própria qualidade de cada objetivo especificado). A segunda natureza é *quantitativa* e representa os indicadores numéricos de desempenho.

A definição do critério quantitativo está relacionada à importância do que está sendo medido. Assim, se quatro questões cobram um objetivo de conhecimento, que vai ser base essencial para a compreensão e aplicação de determinada habilidade, as quatro devem estar corretas. Entretanto, em se tratando de questões de conhecimento que não sejam imprescindíveis à compreensão e aplicação de determinada habilidade, então, talvez três certas sejam suficientes.

Os critérios para avaliação da aprendizagem podem ser determinados em vários níveis: da questão, do objetivo e da prova. Os relativos às questões e aos objetivos são de responsabilidade do docente. Quanto aos relativos às provas, o critério é o alcance por parte do aluno de, pelo menos, 50% dos objetivos, pois, caso contrário, deverá passar pelo processo de recuperação. Os critérios específicos de questão serão abordados adiante, na parte que diz respeito à "correção dos instrumentos e avaliação".

Metodologia

Na *parte diversificada*, os critérios de natureza qualitativa e quantitativa estão sempre vinculados, com ênfase nos primeiros. Assim, o objetivo "tornear superfície cilíndrica" requer, como critérios, o conhecimento da sequência de passos a seguir, a habilidade motora de executá-los no torno e o respeito às normas ou precauções constantes do plano de trabalho.

Alguns objetivos da *parte comum* podem oferecer também condições de determinação de critérios qualitativos, tanto no que diz respeito à habilidade motora, quanto à atitude inerente ao trabalho. Entretanto, esses critérios não são exigidos por muitos objetivos e mesmo por algumas disciplinas.

Faz-se necessário, nesse campo, um trabalho mais rigoroso do docente a fim de que não sejam estabelecidos critérios artificiais. No laboratório de ciências, em algumas áreas de desenho técnico e talvez em língua portuguesa seja possível caracterizar, para alguns objetivos, indicadores de habilidades específicas e atitudes inerentes ao trabalho.

4.9 – *Exemplificação*

A seguir encontram-se dois exemplos, contendo os passos mencionados anteriormente, sendo um para uma unidade do curso de torneiro mecânico e outro para uma unidade de matemática.

UNIDADE – Eixo cilíndrico de três corpos
OBJETIVO GERAL – Executar eixo cilíndrico de três corpos

ASSUNTOS	OBJETIVOS ESPECÍFICOS	CONTEÚDOS	ESTRATÉGIAS DE ENSINO		INSTRUMENTOS E ESTRATÉGIAS DE AVALIAÇÃO	CRITÉRIOS DE AVALIAÇÃO
			SALA DE AULA	OFICINA		
Conhecimentos Tecnológicos	Identificar as partes e as principais características do torno mecânico horizontal. (Conhecimento)	- Nomenclatura (barramento, cabeçote, carro principal etc.). - Características (distância máxima entre pontas, altura das pontas em relação ao barramento).	- Explicação do professor. - Leitura pelo aluno das FIT. - Discussão do conteúdo da FIT. - Recursos audiovisuais	- Demonstração e manuseio do torno	Prova oral	Acertar "x" questões das propostas para o alcance do objetivo.
	Utilizar régua graduada. (Aplicação)	- Usos (medição com-sem face de referência).			Observação	Acertar "x" medidas das propostas.
	Medir, com paquímetro, em décimos de milímetro. (Aplicação)	- Nomenclatura (Vernier, cursor etc.). - Leitura (décimos de milímetros)			Observação	- Acertar as medidas. - Tomar as medidas de modo perpendicular. - Exercer pressão suave no contato do paquímetro com a peça.
	Reconhecer no desenho técnico as vistas dos elementos do sistema de cotagem e a escala em que foi feito. (Compreensão)	- Vista (elevação, planta, lateral). - Sistema de cotagem, linhas de extensão etc. - Escala (natural, redução, ampliação).	- Explicação do professor e leitura pelo aluno das FIT. - Análise de gráficos e desenhos.	Arguição	Prova oral	Acertar "x" questões das propostas.
Planejamento da Execução	Descrever a ordem da execução da peça, do começo ao fim. (Aplicação)	- Sequência de execução da operação	- Preenchimento do roteiro de trabalho.			Os passos que o aluno mencionar deverão possibilitar a execução da peça no menor espaço de tempo possível e sem danificar suas partes prontas.
Execução	Tornear superfície cilíndrica, na sequência correta de passos. (Aplicação) — Habilidade	- Processo de execução dos passos da operação de tornear superfície cilíndrica.	- Leitura e discussão em grupo. - Filme super 8. - Leitura da FO.	- Demonstração e manuseio do torno	Observação	Reproduzir corretamente os passos indicados na folha de operações, respeitando as precauções existentes no plano.
	Reproduzir na peça as medidas indicadas no desenho. (Aplicação) — Precisão	- Medidas de diâmetro e de comprimento.				Estar dentro da tolerância permitida.
	Obter acabamento de superfície conforme desenho. (Aplicação) — Qualidade	- Tipos de acabamento (símbolos de acordo com a ABNT).	- Apresentação de superfícies acabadas.			Os acabamentos devem estar dentro dos padrões.
	Executar a peça no tempo previsto. (Aplicação) — Rapidez	- Vantagens da rapidez para eficiência e produtividade.				6 horas, no máximo.

Parte B

Unidade – Regra de três simples

Objetivo Geral – Aplicar conhecimentos de regra de três simples em situações--problema que envolvam duas grandezas proporcionais

Objetivos Específicos	Conteúdos	Estratégias de Ensino	Estratégias e Instrumentos de Avaliação	Critério de Avaliação
- Diferenciar grandezas diretamente proporcionais de grandezas inversamente proporcionais. (Compreensão)	- Conceito de grandezas diretamente proporcionais. - Conceito de grandezas inversamente proporcionais.	- Exposição oral		Acertar "x" questões de grandeza diretamente proporcional e "x" de inversamente proporcional das propostas.
- Calcular o termo desconhecido de uma proporção através de regra de três simples.	- Cálculo do termo desconhecido	- Estudo dirigido		Apresentar pelo menos o raciocínio correto.
- Transformar milímetro em polegada empregando regra de três simples. (Aplicação) - Transformar polegada em milímetro empregando regra de três simples. (Aplicação) - Transformar medidas empregando regra de três simples. (Aplicação)	- Transformação de milímetros em polegadas. - Transformação de polegadas em milímetros.		Prova Escrita	Acertar "x" questões das propostas.
– Calcular a porcentagem. (Aplicação)	– Conceito de porcentagem. – Determinação da porcentagem através da regra de três simples	– Exposição oral		Apresentar pelo menos o raciocínio correto
- Calcular a taxa. (Aplicação)	- Conceito de taxa. - Determinação da taxa através da regra de três simples.	- Exposição oral		Apresentar pelo menos o raciocínio correto.
- Calcular o principal. (Aplicação)	- Determinação do principal através da regra de três simples.	- Estudo dirigido		Apresentar pelo menos o raciocínio correto.

PARTE C

5 — DESENVOLVIMENTO DO PLANEJAMENTO DE ENSINO E AVALIAÇÃO DO RENDIMENTO ESCOLAR

    5.1 – Plano de ensino

    5.2 – Elaboração dos instrumentos de avaliação

    5.3 – Aplicação dos instrumentos de avaliação

    5.4 – Correção dos instrumentos de avaliação

    5.5 – Análise de resultados

6 — PROMOÇÃO DE ATITUDES

7 — ATRIBUIÇÃO DE NOTAS

8 — RECUPERAÇÃO DA APRENDIZAGEM

    8.1 – Previsão modular e recuperação da aprendizagem

    8.2 – Alguns procedimentos para a recuperação

5. Desenvolvimento do planejamento de ensino e da avaliação do rendimento escolar

5.1 – Plano de ensino

O plano de ensino é o documento de registro das decisões tomadas durante as etapas do processo de planejamento.

Ao terminar o planejamento, o plano já estará concebido, ou seja,

- estará pronta a previsão modular;
- os objetivos gerais e específicos estarão definidos;
- os conteúdos (fundamentados nos conteúdos programáticos e nos elementos curriculares das disciplinas e na série metódica de cada ocupação) já estarão escolhidos pelo docente, em função dos objetivos;
- as estratégias de ensino, por sua vez, já estarão traçadas;
- os instrumentos, estratégias de avaliação e os critérios de alcance dos objetivos já estarão também esboçados.

Para que possa servir efetivamente à sua finalidade, o plano de ensino deve apresentar as características a seguir:

- ser elemento *norteador* do trabalho do docente e não documento formal a ser rigidamente seguido. A sua característica de flexibilidade deve ser aproveitada para mudanças, acréscimos, substituição ou eliminação de conteúdos e estratégias, reajustes na carga horária e toda e qualquer alteração, desde que fique preservada a unidade da execução do planejamento;
- ser *adequado* à realidade, na medida em que aquilo que foi proposto seja possível de ser realizado dentro dos recursos da escola;

- ser *integrado* e coerente no sentido de que as atividades formem um todo significativo em consonância com o plano escolar;
- ser *claro e preciso*, devendo conter indicações exatas e previsões concretas para o trabalho a ser realizado, apresentando apenas o que é essencial.

Tendo em mãos o plano de ensino, o docente deverá reanalisar as decisões tomadas ao nível de:

Previsão modular → Objetivos gerais e específicos e níveis de desempenho → Conteúdos → Estratégias de ensino → Instrumentos e estratégias de avaliação → Critérios de avaliação

Feito isso, o docente executa o que foi planejado, pois somente através desse "fazer" é que ele e a equipe escolar poderão decidir se:

- a distribuição do tempo foi adequada;
- os objetivos e conteúdos previstos levaram ao desempenho desejado;
- as estratégias de ensino facilitaram a aprendizagem e o trabalho do docente;
- a avaliação cumpriu suas funções de orientação, de recuperação e melhoria do processo;
- houve muita ou pouca flexibilidade nos critérios de avaliação.

Considerando o que foi dito, fica claro que o importante no plano é o que ele contém e não o seu aspecto formal. *No seu registro, os diversos passos podem ser apresentados conforme decisão de cada docente.*

Quanto à avaliação do rendimento escolar, é necessário detalhar um pouco mais o seu processo, através da descrição de como elaborar, aplicar, corrigir e analisar os resultados obtidos pelos instrumentos de avaliação. É o que se faz a seguir.

5.2 – *Elaboração dos instrumentos de avaliação*

FINALIDADES

Selecionados a estratégia e o instrumento de avaliação a serem utilizados, parte-se para a elaboração deste último.

Nessa atividade, são necessários cuidados em relação ao instrumento como um todo e em relação a cada uma das questões que o compõem.

Com relação ao instrumento, recomenda-se que:

- a prova como um todo contenha questões dos vários níveis de desempenho determinados nos objetivos, medindo-se com maior número de questões aqueles que exijam conhecimentos e habilidades mais complexos e necessários;
- a prova seja válida e funcional de forma a permitir uma análise de resultados útil para orientar a atuação de alunos e docentes;
- haja instruções gerais (escritas ou verbais) para orientar o aluno em seu trabalho.

Com relação às questões, é necessário que:

- sejam adequadas aos objetivos propostos (existem questões mais apropriadas que outras para medir determinados níveis de desempenho);
- sejam tecnicamente apresentadas para facilitar a resposta do aluno (por exemplo, não separar o enunciado do corpo da questão);
- sejam diversificadas para atender às peculiaridades dos objetivos;
- os enunciados sejam claros e precisos;
- as alternativas não distorçam as respostas.

Treinamentos sistemáticos dos docentes na elaboração de questões de teste permitirão melhor desempenho nessa atividade. Enquanto isso, os docentes podem recorrer a diversas fontes que tratam do assunto.

Metodologia

Na *parte diversificada*, a avaliação é feita observando-se a execução da tarefa, com base nos critérios estabelecidos anteriormente. Um roteiro de observação do trabalho é um instrumento que pode nortear o docente na avaliação do aluno.

Com relação aos conhecimentos tecnológicos, para uma melhor avaliação da aprendizagem, o docente deveria elaborar questões que permitissem verificar o alcance dos objetivos. Eis, a seguir, exemplos de questões, especificando-se os objetivos e os níveis de desempenho que lhes deram origem.

Exemplos:

1. *Objetivo* – Utilizar régua graduada.
   Nível de desempenho – Aplicação.
   Questão oral – Quais as dimensões desta peça?
   Questão escrita – Escreva, nas linhas, as medidas indicadas nos desenhos da régua.

Na *parte comum*, segue-se a mesma linha de apresentação dos objetivos e níveis de desempenho que lhes deram origem. Eis alguns exemplos de questões de matemática:

1. *Objetivo* – Diferenciar grandezas diretamente proporcionais de grandezas inversamente proporcionais.
   Nível de desempenho – Compreensão.
   Questão escrita – Escreva (D) se as grandezas forem diretamente proporcionais e (I) se elas forem inversamente proporcionais.
   ( ) 40 km por hora ------------- 10 horas
   ( ) 80 km por hora ------------- 5 horas
   ( ) 5 minutos 300 rotações (ou voltas) de uma polia
   ( ) 60 minutos 3.600 rotações (ou voltas) de uma polia

2. *Objetivo* – Calcular o termo desconhecido de uma proporção através da regra de três simples.
   Nível de desempenho – Aplicação.
   Questão escrita – Resolva o problema abaixo.
   Um móvel, com velocidade constante, percorre 20 metros em 4 minutos. Quantos metros ele pode percorrer em 6 minutos?

5.3 – Aplicação dos instrumentos e estratégias de avaliação

FINALIDADES
A aplicação de instrumentos e as estratégias de avaliação devem considerar os fatores que proporcionam ao aluno a redução de tensões.

Para o aluno, devem ficar claros a finalidade da avaliação e os critérios pelos quais será julgado, de modo a criar um clima de confiança, sem qualquer receio dos seus efeitos.

Durante a realização de provas práticas, o docente deve observar comportamentos particulares a serem incentivados ou modificados, como cuidado no manuseio de equipamentos, postura correta em relação à máquina etc.

Durante a prova teórica, seria interessante que o docente observasse as questões que provocam dúvidas, o que pode demonstrar falhas de formulação.

METODOLOGIA

Na aplicação dos instrumentos de avaliação, tanto para as ocupações da parte diversificada como para a parte comum, devem ser considerados os seguintes aspectos:

- necessidade de instruções (orais ou escritas) claras e precisas;
- criação de uma atmosfera agradável, sem tensões;
- observação das reações do aluno que apresenta dificuldades;
- imparcialidade nas observações.

5.4 – Correção dos instrumentos de avaliação

A correção consiste em marcar certo ou errado em cada questão, a partir do critério, ou seja, da adequação entre a resposta dada e o que foi solicitado pela questão.
Exemplos:

1. *Objetivo* – Estruturar frases a partir de palavras de um texto.
Nível de desempenho – Aplicação.
Questão – Escreva uma frase empregando as duas palavras abaixo.

trabalhador _____
comunicação _____

Critério de correção – a frase escrita deve conter as duas palavras e permitir compreensão lógica. Esse critério não precisa ser escrito, pois está explicitado na própria questão que pede a construção de uma frase contendo as duas palavras. Assim, qualquer resposta que não corresponda ao especificado será julgada incorreta.

2. *Objetivo* – Identificar capitais da região Sul do Brasil.
Nível de desempenho – Conhecimento.
Questão – Assinale as três capitais que ficam na Região Sul do Brasil.
( ) – Porto Alegre
( ) – Vitória
( ) – Curitiba
( ) – Florianópolis
( ) – Cuiabá

Critério de correção – Qualquer resposta diferente do solicitado é incorreta.

METODOLOGIA
Face aos critérios estabelecidos para a questão, o docente poderá utilizar qualquer símbolo para indicar o acerto ou erro (Ex. 1 e 0, C e E, ou outros). Ao final da correção, o docente terá o número de acertos de cada aluno na prova e também o número de objetivos atingidos na unidade ou subunidade medida.

O número de objetivos atingidos, mediante os critérios estabelecidos para o alcance de cada um deles, é que servirá de base para o cálculo do percentual de objetivos atingidos pelo aluno para posterior atribuição de nota.

5.5 – *Análise de resultados*

FINALIDADES
A análise de resultados é um dos passos fundamentais do processo de ensino-aprendizagem, pois somente através dela pode-se tomar decisões de mudança ou de continuação das atividades.

O resultado do desempenho escolar constitui um dos aspectos que deve ser analisado, ao lado de outros que permitam completar a apreciação, imprimindo-lhe um imprescindível componente qualitativo. A busca de informações qualitativas pode ser complementada através de discussões, respostas a questionários e entrevistas, observação das situações etc.

A análise de resultados a partir dos objetivos atingidos (avaliação baseada em critérios), complementada por outras análises qualitativas, permitirá responder a questões como:

- por que algumas questões foram respondidas com acerto por apenas 20% dos alunos?
- por que determinado aluno não alcançou certos objetivos?
- por que 90% dos alunos falharam em determinado objetivo?

Uma análise detalhada de resultados envolve tabulações dos dados obtidos em provas, observações etc. Através dela, o docente pode obter informações sobre o desempenho do aluno e da classe como um todo, a qualidade dos objetivos e dos itens de teste.

Eis um exemplo de tabulação mais detalhada

OBJETIVOS	I				II				III			
Questões	1	2	3	T	4	5	6	T	7	8	9	T
Roberto	1	1	1	1	0	0	1	0	1	0	1	1

Através do exemplo pode-se verificar que o aluno não alcançou o objetivo II. Se o mesmo acontecer com 50% dos objetivos, deverão ser dadas, ao aluno, oportunidades de estudos de recuperação. Por outro lado, nem sempre é necessária a adoção de análises tão detalhadas, podendo o docente adotar procedimentos mais simples, tais como observação de provas, separação daquelas que contenham os mesmos erros, agrupamento dos erros mais frequentes etc., sem o preenchimento formal de uma folha de dados para fazer a análise.

Os resultados de todos os alunos permitem analisar o desempenho da classe e estimar a qualidade dos objetivos e dos itens de teste. Por exemplo, se em uma classe de 20 alunos, 15 falharam em determinado objetivo, o docente poderá levantar uma série de possíveis fatores:

- estratégias mal selecionadas;
- objetivos pouco claros;
- conteúdos que não possibilitaram o alcance de objetivos;
- ausência dos alunos, desinteresse;
- questões de testes mal formuladas etc.

A análise de resultados pode ser utilizada, ainda, pela coordenação pedagógica como um instrumento de orientação imediata.

6. Promoção de atitudes

FINALIDADES

Retoma-se o tema atitudes, uma vez que ele é complexo e merece discussão mais profunda.

É difícil definir que atitudes desenvolver; porém, parece claro que uma instituição voltada para a formação profissional deve atentar para aspectos que possibilitem a boa realização do trabalho, sem se esquecer das atitudes que contribuam para tornar o aluno participativo e consciente. Este entendimento é compatível com a ideia de formação profissional, assim conceituada pelo SENAI-SP:

> Ultrapassa a mera transmissão do saber técnico, porque abrange um conjunto de valores e atitudes que são socialmente reconhecidos. Nisso reside o específico de sua formação profissional. Interpretá-la então como instrumento que serve apenas aos interesses do empregador é adotar uma visão unilateral. Em verdade, ela assume igual importância para o trabalhador, ao valorizar seu potencial de trabalho e abrir perspectivas no sentido de elevação de seu nível de compreensão da realidade. Assim, a formação profissional não pode ser encarada como um fim em si mesma, reduzida ao "fazer", pois, além de ensinar "o que", "para que" e "por que", o SENAI dirige seus esforços para um objetivo mais elevado: preparar o jovem para o exercício consciente e integral da cidadania. Nesse sentido, mais que de formação profissional, *stricto sensu*, considera-se com justo orgulho uma instituição educacional. (Tolle, 1984)

Dessa forma, recomenda-se que as atitudes a serem promovidas em nossas unidades de ensino sejam desdobradas em:

— atitudes inerentes ao trabalho;
— atitudes sociais.

As atitudes inerentes ao trabalho, como já foi exposto, serão consideradas como critérios de avaliação, devendo ser identificadas na análise dos objetivos específicos do curso ou disciplina. Essa identificação deve ser fruto de discussões entre docentes da mesma área, na busca de denominadores comuns.

Para elucidação do conceito de atitude social, pode-se caracterizá-la como sendo:

- *mutável* – O homem é um ser inacabado, aberto à aquisição de novos valores, passível de constante modificação de comportamento frente aos diversos objetos sociais. A aceitação desse fato implica maior flexibilidade nos julgamentos, quebra de preconceitos e abertura com relação aos outros;
- *motivacional* – As atitudes podem ser estimuladas, ou seja, um docente dedicado, que demonstra interesse por seus alunos, que os orienta, que busca atualização de conhecimentos e que demonstra amor pela sua disciplina, só pode estimular nos seus alunos atitudes favoráveis à sua matéria;
- *cognitiva* – O componente "conhecimento" é imprescindível; quanto mais informações o aluno obtiver, mais condições terá de desenvolver atitudes;
- *emocional* – Na promoção de atitudes estão envolvidos aspectos subjetivos do aluno (seus sentimentos) os quais devem ser respeitados. O docente precisa ser muito criterioso ao emitir opinião sobre as atitudes dos alunos.
- *tendente à ação* – É natural, nos alunos, a tendência de agir segundo suas próprias ideias e sentimentos.

O desenvolvimento de atitudes é um processo para o qual alguns autores tentaram estabelecer níveis. A taxonomia de Bloom propõe, sinteticamente, os seguintes níveis:

- *acolhimento* – (atenção) associa-se à sensibilização do aluno, ou seja, à disposição de prestar atenção em algo;
- *resposta* – refere-se à disposição que o aluno demonstra ao responder ou agir voluntariamente. É a tendência à ação;

- *valorização* – supõe a aceitação de um valor a ponto de o aluno preferi-lo, buscá-lo, procurá-lo, desejá-lo. A atitude da pessoa demonstra, pois, seu envolvimento com os valores;
- *organização* – refere-se à estruturação interna de valores. Essa estruturação é dinâmica, possibilitando, ao longo da vida, a internalização de valores novos em substituição aos anteriores;
- *caracterização por um valor ou complexo de valores* – nesse nível a pessoa já terá constituído internamente uma hierarquia de valores.

À escola cabe indicar possíveis caminhos que propiciem ao aluno condições de valorizar atitudes que lhe são úteis na vida.

Nesse trabalho, o docente tem papel fundamental, na medida em que é o elemento humano mais próximo e mais constante na vida escolar do aluno. Assim, como exemplo de vida a ser seguido, fica evidente a importância da sua postura, das suas ações e maneira de ser, reveladas através da:

- compreensão do educando e de sua problemática de vida;
- abertura para diálogo;
- empatia e compreensão da natureza humana;
- assistência ao educando para a superação de dificuldades e aperfeiçoamento pessoal;
- atuação frente aos problemas de sua área, da educação e da realidade mais ampla.

Ressalte-se, ainda, na promoção de atitudes, a importância do *trabalho integrado* dentro da escola e entre esta e a comunidade.

METODOLOGIA

Definidas as atitudes inerentes ao trabalho, o docente planeja e executa formas de promovê-las, uma vez que serão consideradas como critérios qualitativos para avaliar o alcance dos objetivos. Assim, não somente os conhecimentos concorrem para a avaliação do aluno, mas também serão observados alguns indicadores que permitam inferir comportamentos de cuidado, organização, limpeza, prevenção etc. O registro dos dados observáveis quanto às atitudes inerentes ao trabalho será feito no próprio plano de ensino, na coluna reservada aos critérios de avaliação.

Com relação às *atitudes sociais*, o mais importante a frisar é que elas não merecerão nota; deverão ser planejadas e promovidas para orientar o aluno, através da estimulação de ações positivas ou da discussão de assuntos pertinentes.

Em linhas gerais, o trabalho de desenvolvimento de atitudes sociais envolve:

- discussão entre docentes, equipe escolar e alunos para determinar as atitudes sociais que serão promovidas;
- definição de indicadores que permitirão inferir a internalização dessas atitudes;
- escolha de estratégias para a promoção das atitudes;
- definição de formas de orientação do aluno;
- avaliação conjunta pelos docentes, equipe escolar e alunos.

Assim, de início, desenvolve-se um trabalho integrado para analisar quais atitudes sociais serão promovidas.

Em um segundo momento, os docentes e a equipe escolar definem indicadores que revelam se as metas propostas, em relação às atitudes sociais, estão sendo alcançadas.

A definição das estratégias seria o próximo passo. Campanhas educativas, compromisso assumido pelo aluno de alcance de determinados objetivos, reuniões de pais, palestras de especialistas são algumas das estratégias que podem facilitar o trabalho de desenvolvimento de atitudes sociais.

A seguir, deveriam ser analisadas formas de orientação ao aluno a partir do levantamento de todas as alternativas possíveis de atendimento, auxílio e apoio.

Concluindo, ressalte-se que na promoção de atitudes deve haver sempre incentivo à *autoavaliação*. Através dela, o docente auxiliará o aluno a refletir sobre a sua responsabilidade pelo próprio desenvolvimento.

Esta reflexão concorrerá sempre para o autoconhecimento, que é o principal desencadeador de mudanças de natureza social.

7. Atribuição de notas

Finalidades

A maioria dos docentes coloca o problema da atribuição de notas entre aqueles que mais os preocupam e frustram. Grande parte desse problema deve-se à subjetividade dos julgamentos e à carência de diretrizes específicas que os auxiliem a fazer tais julgamentos.

O estabelecimento de um sistema de atribuição de notas visa à obtenção de dados necessários às funções administrativas de aprovação e retenção. Apesar do caráter administrativo, há um fator pedagógico implícito que requer que os dados obtidos representem os aspectos do rendimento escolar especificados nos objetivos e para os quais foram estabelecidos critérios de alcance. Nesse sentido, vale ressaltar mais uma vez a necessidade e a importância de se descrever com clareza os objetivos, contemplando o conteúdo e o nível de desempenho pretendido, além dos critérios que reflitam o alcance do objetivo, tanto em termos de conhecimentos, quanto de habilidades e atitudes inerentes ao trabalho.

A atribuição de notas dentro de um sistema de avaliação por critério, conforme se propõe neste documento, relaciona diretamente a aprendizagem do aluno aos objetivos previamente determinados.

Metodologia

Ao atribuir uma nota num sistema de avaliação por critério, o docente deve considerar a porcentagem de objetivos que o aluno alcançou no processo de ensino. Dessa forma, as notas intermediárias refletem a porcentagem de alcance dos objetivos de cada unidade.

Os porcentuais de objetivos atingidos pelo aluno podem ser obtidos, pelo docente, mediante utilização de regra de três simples. Assim, pode-se utilizar a seguinte fórmula:

$$\text{Nota correspondente a uma unidade de ensino} = \frac{n^{\underline{o}} \text{ de objetivos atingidos} \times 100}{n^{\underline{o}} \text{ de objetivos medidos}}$$

Por exemplo, um aluno que atingiu 4 em 9 objetivos, teria como resultado um percentual de 44,4%, ou seja, nota igual a 44 (valores sempre inteiros). Veja:

$$\frac{4 \times 100}{9} = 44$$

A nota de síntese dos períodos será a média das notas obtidas nas avaliações de unidades convertida em menção. Ao concluir cada período escolar, o docente deverá sintetizar, numa única menção, as menções atribuídas ao término dos vários períodos de avaliação, expressando, sob o aspecto de aproveitamento, seu julgamento final sobre a condição de o aluno poder prosseguir estudos no período subsequente ou concluí-los.

Cumpre ressaltar que a avaliação do alcance de objetivos deve ser feita não apenas através de provas, mas outras formas como observação, trabalhos de pesquisa, relatórios, entrevistas, devem ser consideradas na atribuição de nota do aluno.

Considerando que a avaliação está sendo proposta como melhoria de desempenho, como forma de orientação e não como punição, o ideal será que a nota definitiva seja aquela obtida após todo o processo de recuperação de modo a refletir os esforços que o aluno envidou na busca de um melhor desempenho. Entretanto, alguns fatores talvez impeçam a concretização desta ideia. Assim, o aluno que deve entrar em recuperação é aquele que alcançou menos de 50% os objetivos propostos, sendo que sua nota final deve ser compatível com o desempenho apresentado após a recuperação.

Casos especiais serão analisados por todos os envolvidos, levando em conta o desempenho do aluno na disciplina em questão e em outras.

8. Recuperação da aprendizagem

FINALIDADES

O ideal seria que o aluno aprendesse em seu ritmo próprio, respeitando, portanto, o tempo de que necessita para realizar as tarefas de aprendizagem. Os sistemas educacionais, porém, estão estruturados dentro de um tempo limitado, ao final do qual os alunos deverão estar aptos. Durante o processo de ensino-aprendizagem, ocorrem desempenhos insatisfatórios, causados por fatores de natureza diversa:

— *pessoal*: falta de interesse, problemas de ordem socioeconômica, problemas de saúde; ausência de pré-requisitos;
— *organizacional*: inadequação do programa; tempo insuficiente para as atividades curriculares; inadequação do material instrucional; docência, problemas técnicos e materiais;
— *em nível da própria atividade*: necessidade de tempo; de intercâmbio constante entre docentes e alunos; necessidade de material instrucional específico e suficiente.

Na essência, o trabalho de recuperação deve ser encarado como um processo de aperfeiçoamento, de orientação, de ajuda ao aluno. Suas principais finalidades são:

— corrigir deficiências do aproveitamento do aluno, provocadas por falhas de aprendizagem, permitindo-lhe acompanhar o ritmo da classe;
— desenvolver habilidades de estudo, através de um atendimento mais individualizado;
— desenvolver maior interação entre aluno e docente durante o processo de ensino-aprendizagem.

A recuperação deve ser encarada como um processo contínuo. Deverá haver sempre uma recuperação paralela, a cargo do docente, que fornecerá ao aluno exercícios de reforço e orientações individuais.

O planejamento dos estudos de recuperação, dadas as peculiaridades das escolas SENAI, não será tarefa simples, devendo merecer todo o apoio da direção e dedicação do pessoal a ser envolvido, inclusive alunos mais adiantados das diversas classes, que poderão atuar como monitores. A existência de condições materiais é, naturalmente, fator básico de sucesso: disponibilidade de salas, de recursos didáticos, de material apropriado e formas de remuneração ou compensação do trabalho.

O planejamento da recuperação é tarefa de todos os envolvidos no processo. O assistente de direção e os docentes podem planejar a recuperação considerando:

- dificuldades ligadas ao tempo, forma de execução, instrumentos e equipamentos necessários, locais disponíveis etc.;
- determinação de critérios e escolha de alunos-monitores;
- formas de preparar os alunos-monitores;
- material didático necessário à recuperação;
- formas de agrupar e de lidar com alunos com diferentes graus de dificuldades;
- formas de sensibilizar os alunos para a recuperação.

Junto ao orientador educacional, ao assistente social e ao auxiliar de enfermagem, os assistentes de direção podem:

- identificar possíveis bloqueios, com relação à aprendizagem, em cada área de estudo ou disciplina;
- detectar problemas de ordem social, econômica, familiar e de saúde, que possam estar interferindo no processo ensino-aprendizagem.

Os docentes e alunos-monitores podem determinar:

— os alunos que necessitam de recuperação;
— os objetivos nos quais os alunos necessitam de recuperação;
— as formas de agrupar alunos com problemas semelhantes de aprendizagem.
— as formas de atender aos alunos em recuperação (dias, horários, locais etc.).

8.1 — Previsão modular e recuperação da aprendizagem

A previsão modular de aprendizagem pode oferecer ao professor a oportunidade de prever momentos de recuperação de estudos. As facilidades decorrentes dessa previsão, como por exemplo acompanhamento constante, oportunidade de reformulações, adequações de acordo com as necessidades e visão ampla do processo educativo, permitem minimizar as dificuldades detectadas junto aos alunos.

A seguir, alguns pontos da recuperação a serem considerados na previsão modular.

O primeiro mostra a importância de uma *recuperação paralela*, simultânea, tendo em vista que a recuperação realizada em final de período letivo é ineficiente, servindo apenas para recuperar a nota, sem atuar no que é mais importante: o próprio processo de aprender.

Outro ponto é o próprio processo de recuperação que não se confunde com provas. Estas podem até integrá-lo, mas o docente deve considerar outras variáveis e por esta razão utilizar diversificadas estratégias para promover a melhoria do desempenho do aluno, tais como: exercícios de reforço, trabalhos de pesquisa, leituras adicionais etc. A realização de provas pressupõe algum tipo de atividade anterior de recuperação, pois, isoladamente, a prova não constitui recuperação propriamente dita.

Apesar das conhecidas dificuldades para a realização da recuperação paralela, acredita-se que a previsão modular possa minimizar os problemas, pois a estruturação do curso ou disciplina em módulos (unidades e subunidades) permite, através de verificações constantes da aprendizagem, um trabalho de orientação do aluno durante o processo, impedindo que as falhas se acumulem.

O planejamento e o desenvolvimento de todas as atividades de recuperação paralela são de responsabilidade do docente, que poderá contar com a colaboração de alunos-monitores, materiais didáticos diversificados e a assessoria da equipe escolar.

A previsão modular de aprendizagem e a recuperação paralela dos estudos não são recursos independentes do processo de ensino-aprendizagem; na verdade são interdependentes e interativos.

O trabalho a ser realizado, com a participação de toda a equipe escolar, é o de desenvolver no aluno a persistência, o espírito de luta e, principalmente, a consciência de que a recuperação é um elemento integrante do próprio processo de aprendizagem.

A ideia básica da recuperação paralela está ligada à previsão modular, da seguinte forma:

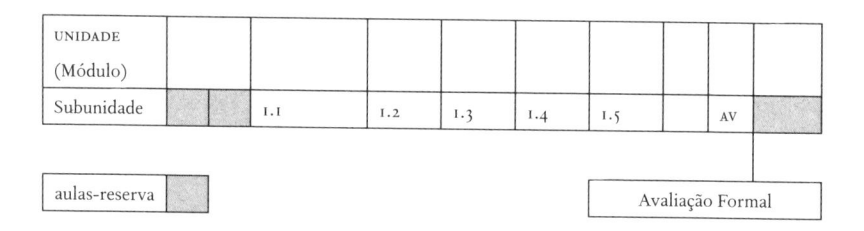

UNIDADE (Módulo)								
Subunidade		1.1	1.2	1.3	1.4	1.5		AV

aulas-reserva   Avaliação Formal

A partir do gráfico pode-se dizer que:

- a recuperação começa após as aulas-reserva iniciais, para melhor superar a ausência de pré-requisitos;
- após cada subunidade podem ser feitas verificações informais (exercícios, testes rápidos, arguições etc.) para detectar objetivos não alcançados, procedendo-se à recuperação paralela, durante as aulas, principalmente quando o módulo exigir muito tempo para seu desenvolvimento;

— após cada unidade, através de testes formais, detectando os objetivos não alcançados, também será procedida uma recuperação paralela imediata, formal, em horário especial (aulas vagas, sábados etc.), conforme planejamento coordenado pelo assistente de direção.

A recuperação paralela poderá trazer como resultado um maior índice de alcance de objetivos por parte da maioria dos alunos.

Pensando na racionalização da tarefa de recuperação, os alunos-monitores poderiam também desempenhar importante papel no *"plantão de dúvidas"*, isto é, eles seriam os captadores das dúvidas dos alunos e estudariam, com o docente, as formas de esclarecê-las.

O *plantão de dúvidas*[1] funcionaria ininterruptamente, aproveitando todos os possíveis intervalos do aluno e dias e horários especialmente determinados, com a finalidade de viabilizar os estudos de recuperação.

A recuperação, portanto, é um processo que deve ser parte integrante do planejamento e da avaliação. É antes de tudo, um trabalho de sensibilização dos alunos, no sentido de que melhorem cada vez mais o desempenho durante a aprendizagem, impedindo o acúmulo de falhas ao fim do período letivo, situação que praticamente inviabiliza qualquer solução.

8.2 – Recuperação e alcance de objetivos

A finalidade da recuperação dentro de uma abordagem de alcance de objetivos é incentivar a melhoria do desempenho. Nesse sentido, ela deve ser encarada como *processo* envolvendo, como já foi enfatizado anteriormente, atividades tais como: estudo orientado, trabalhos de pesquisa, aulas e ou monitorias, resolução de exercícios etc.

Os alunos que não alcançarem 50% dos objetivos deverão entrar, necessariamente, em processo de recuperação de todos os objetivos

---

1. O plantão de dúvidas é uma estratégia utilizada na Escola Técnica Federal de São Paulo.

da unidade. Após tal processo, serão submetidos à nova avaliação por meio de uma prova paralela (não reteste).

METODOLOGIA

A recuperação, na *parte diversificada*, deve ser considerada dentro de uma ideia de continuidade de ações por parte do docente. Existem objetivos imediatos que devem ser recuperados no momento da ação e objetivos mediatos que podem ser objeto de trabalho durante todo o processo, isto é, ao longo do curso, através de orientação contínua do docente.

Em ocupações semelhantes à de torneiro mecânico, por exemplo, o docente pode oferecer oportunidades de recuperação dos desempenhos falhos:

- permitindo alteração das medidas nominais da tarefa, quando tal alteração não provocar prejuízo irreparável para o prosseguimento;
- fornecendo novo material para que o aluno repita a tarefa ou as operações novas que ela incorpora, sempre que o erro cometido a tiver invalidado;
- promovendo a recuperação imediata das atitudes inerentes ao trabalho e considerando-as como atingidas após esta ação.

É evidente que, em todos os casos, o aluno deverá ser informado de que a alteração de medidas, o fornecimento de novo material e a nova oportunidade de alcance das atitudes inerentes ao trabalho têm função didática e que na situação real de trabalho tal fato poderia prejudicá-la.

Na *parte comum*, o docente, também, deve considerar a recuperação dentro da ideia de continuidade de ações, durante todo o processo de ensino-aprendizagem. As estratégias para a recuperação dos conhecimentos e reforço das atitudes inerentes ao trabalho devem atender às diferentes necessidades dos alunos e dos objetivos que devem ser atingidos.

Parte C

Concluindo o presente trabalho, faz-se necessário enfatizar dois pressupostos básicos, que são: as *diretrizes* aqui apresentadas não deverão ser alteradas, sendo desejável que os docentes procurem segui-las com precisão, a fim de harmonizar os conceitos de planejamento que vigorarão na rede SENAI-SP. Por outro lado, as *sugestões* devem ser entendidas com o significado que elas realmente têm, ou seja, de meros exemplos de operacionalização. Os docentes não estão obrigados a seguir modelo algum para a formalização dos seus planos, ao contrário, devem ser criativos quanto à forma dos mesmos.

FONTE	Fournier
PAPEL	Polen Bold 90 g/m²
IMPRESSÃO	Margraf
TIRAGEM	2.000